高等职业教育"十三五"规划教材（电子信息课程群）

智能化技术基础

（第二版）

邓文达　史　劲　邓　宁　编著

中国水利水电出版社
www.waterpub.com.cn
·北京·

内 容 提 要

当前，随着技术的发展，智能化已经渗透到社会生活的方方面面。众多读者对智能化技术有浓厚的兴趣，但却苦于不知从何入手。本书借助思科公司 Packet Tracer 7.2.1 仿真模拟软件，通过一系列浅显易懂的仿真实验，阐述了智能化的概念，指出实现智能化的关键要素。书中还介绍了硬件连接的基础知识，演示了简单的智能化系统的设计流程，并从万物互联、云计算、大数据和人工智能四个方面，介绍了智能化技术的发展。全书内容浅显易懂，实验步骤十分详尽，非常适于入门者学习。

本书可作为高职相关专业学生了解智能化技术的入门教材，也可作为对智能化技术有兴趣的读者的自学读物。

图书在版编目（CIP）数据

智能化技术基础 / 邓文达，史劲，邓宁编著. -- 2版. -- 北京 : 中国水利水电出版社，2019.9
高等职业教育“十三五”规划教材. 电子信息课程群
ISBN 978-7-5170-8026-8

Ⅰ. ①智… Ⅱ. ①邓… ②史… ③邓… Ⅲ. ①智能技术－高等职业教育－教材 Ⅳ. ①TP18

中国版本图书馆CIP数据核字(2019)第198621号

策划编辑：周益丹　　责任编辑：张玉玲　　封面设计：李　佳

书　名	高等职业教育“十三五”规划教材（电子信息课程群） 智能化技术基础（第二版） ZHINENGHUA JISHU JICHU
作　者	邓文达　史　劲　邓　宁　编著
出版发行	中国水利水电出版社 （北京市海淀区玉渊潭南路 1 号 D 座　100038） 网址：www.waterpub.com.cn E-mail：mchannel@263.net（万水） sales@waterpub.com.cn 电话：（010）68367658（营销中心）、82562819（万水）
经　售	全国各地新华书店和相关出版物销售网点
排　版	北京万水电子信息有限公司
印　刷	三河市铭浩彩色印装有限公司
规　格	184mm×260mm　16 开本　10 印张　202 千字
版　次	2017 年 9 月第 1 版　2017 年 9 月第 1 次印刷 2019 年 9 月第 2 版　2019 年 9 月第 1 次印刷
印　数	0001—3000 册
定　价	36.00 元

第二版前言

智能化早已是大众耳熟能详的一个词。随着信息技术日新月异，智能化服务无处不在。并且，随着《中国制造 2025》的发布，智能化技术的应用再次受到关注。到底什么是智能化，它是怎么实现的？如果要学习智能化相关知识，该从哪里入手？本书借助思科公司 Packet Tracer 7.2.1 仿真模拟软件，通过一系列浅显易懂的仿真实验，给读者一个清晰简要的认识，为后续进行相关专业的学习奠定基础。

本书特点：

1．内容简明易懂。全书内容简明，条理清晰，较为全面地介绍了智能化系统的工作过程，非常适于入门者学习。

2．实验步骤详尽。本书以思科公司 Packet Tracer 7.2.1 软件作为仿真实验平台，能较好地开展智能化技术入门相关实验，所有实验均列出了详尽的步骤，便于初学者一步一步学习。

3．面向对象广泛。既可作为工科高职相关专业学生了解智能化技术的入门教材，也可以作为对智能化技术有兴趣的读者的自学读物。

全书共分为 7 个章节。第 1 章介绍了智能化的概念，以及生活中的智能化应用实例。通过智能家居的一个简单实验，让读者感受智能化系统的组成。第 2 章至第 4 章分别从网络基础、感知与控制、程序设计基础几个方面入手，介绍了实现智能化系统的关键要素。第 5 章介绍了硬件连接基础知识。第 6 章介绍了智能化系统设计的步骤，并演示了用 PT 实现智能化系统的原型的步骤。第 7 章从万物互联、云计算、大数据和人工智能四个方面，介绍了智能化技术的发展。

本书由邓文达、史劲、邓宁编著。其中第 1 章和第 6 章由邓宁编写，第 2 章和第 4 章由邓文达编写，第 3 章和第 5 章由史劲编写，第 7 章由邓文达编写。全书由邓文达负责统稿。

将本书作为教材时，可结合思科公司 IoE 课程进行教学。（该课程以学校名义免费申请，详情请见思科网络技术学院官网：www.netacad.com）

全书在编写过程中，得到了思科公司熊露颖、新疆农业职院杨功元和中国水利水电出版社周益丹等同志以及长沙民政职业技术学院软件学院全体教师的支持，在此一并表示感谢。

由于时间仓促，加上编者水平有限，书中难免出现疏漏和差错，恳请同行专家批评指正。

编　者

2019 年 6 月

第一版前言

智能化早已是大众耳熟能详的一个词汇。随着信息技术日新月异，智能化服务无处不在，并且，随着《中国制造 2025》的发布，智能化技术的应用受到热烈关注。到底什么是智能化，它是怎么实现的？如果要学习智能化相关知识，该从哪里入手？本书借助思科公司 Packet Tracer 7.0 仿真模拟软件，通过一系列简明易懂的仿真实验，给读者一个清晰简要的认识，为其后续进行相关专业的学习奠定基础。

本书的特点是：

（1）内容简明易懂。全书内容简明，条理清晰，较为全面地介绍了智能化系统的工作过程，非常适于入门者学习。

（2）实验步骤详尽。本书以思科公司 Packet Tracer 7.0 软件作为仿真实验平台，很好地开展了相关实验，所有实验均列出了详尽的步骤，以便于初学者一步一步地学习。

（3）面向对象广泛。本书既可作为工科高职院校相关专业学生了解智能化技术的入门教材，也可作为对智能化技术有兴趣的读者的自学读物。

全书共 4 个章节。第 1 章介绍了智能化的概念，以及生活中的智能化应用实例，通过智能家居的一个简单实验，让读者感受智能化系统的组成。第 2 章从网络基础、感知与控制、程序设计基础等几个方面入手，介绍了实现智能化系统的关键要素。第 3 章介绍了智能化系统设计的步骤，并演示了用 PT 建立智能化系统原型的步骤。第 4 章从万物互联、云计算、大数据和人工智能四个方面，介绍了智能化技术的发展。

本书由邓文达任主编，史劲、邓宁任副主编。其中第 1 章由邓宁编写，第 2 章由邓文达、史劲共同编写，第 3 章由史劲编写，第 4 章由邓文达编写。全书由邓文达负责统稿。

将本书作为教材时，可以结合思科公司 IoE 课程进行教学。

全书在编写过程中，得到了思科公司熊露颖、新疆农业职业技术学院杨功元和中国水利水电出版社周益丹等同志的帮助，以及长沙民政职业技术学院软件学院全体教师的支持，在此一并表示感谢。

由于时间仓促，加上编者水平有限，书中难免存在疏漏和差错，恳请同行专家批评指正。

编 者

2017 年 6 月

目录

CONTENTS

第二版前言
第一版前言

第 1 章　智能化技术简介 001
　1.1　智能化技术的概念 002
　　1.1.1　什么是智能化 002
　　1.1.2　智能化系统的组成 002
　　1.1.3　生活中的智能化系统实例 003
　1.2　PT 工具简介 008
　　1.2.1　PT 7.2.1 的安装 008
　　1.2.2　PT 7.2.1 界面简介 011
　1.3　感受智能家居系统 015
　　1.3.1　添加智能家居终端设备 015
　　1.3.2　添加智能家居中控设备 018
　　1.3.3　连接设备 020
　　1.3.4　实现控制 027
　　1.3.5　环境设置 032
　1.4　思考题 035

第 2 章　计算机网络基础 036
　2.1　计算机网络的组成 037
　　2.1.1　计算机网络硬件 037
　　2.1.2　网络协议 040
　　2.1.3　计算机网络软件 040
　2.2　IP 地址 041
　　2.2.1　IP 地址基本知识 041
　　2.2.2　IP 地址的配置 043
　2.3　家庭网络组建 046
　　2.3.1　添加设备 046
　　2.3.2　建立有线连接 046
　　2.3.3　建立无线连接 048
　　2.3.4　测试连通性 054
　2.4　思考题 054

第 3 章　感知与控制 055
　3.1　感知的概念 056
　　3.1.1　传感器基本知识 056
　　3.1.2　Packet Tracer 支持的传感器 058
　3.2　控制的含义 061
　　3.2.1　控制系统的组成 061
　　3.2.2　在 Packet Tracer 中实现控制 062
　3.3　思考题 067

第 4 章　程序设计基础 068
　4.1　JavaScript 简介 069
　　4.1.1　JavaScript 的引入 069
　　4.1.2　JavaScript 主要术语 070
　4.2　实现简单的程序设计 081
　　4.2.1　安装程序设计环境 081
　　4.2.2　实现简单的输入和输出 084
　　4.2.3　实现简单的流程控制 085
　4.3　Packet Tracer 编程入门 086
　　4.3.1　Packet Tracer 支持的可编程中央控制部件 086
　　4.3.2　PT 编程实例 089
　4.4　思考题 093

第 5 章　硬件连接基础 094
　5.1　电路基础 095
　　5.1.1　电路的有关术语 095
　　5.1.2　电路 097
　　5.1.3　电路搭建所需材料 098

5.2 智能化技术实验套件................100
5.2.1 实现简单输出........................103
5.2.2 使用 I/O 接口........................105
5.2.3 连接 Wi-Fi..........................105
5.3 用 Packet Tracer 连接外部硬件......................................106
5.4 思考题....................................108

第 6 章 简单的智能化系统设计...109
6.1 智能化系统设计的步骤............110
6.1.1 需求分析.............................110
6.1.2 系统设计..............................111
6.2 用 PT 实现智能化系统原型.......114
6.2.1 原型建立前的准备.................114
6.2.2 用 PT 建立原型......................116
6.3 设计和实现简单智能控制系统....120
6.3.1 需求分析.............................120
6.3.2 系统设计.............................121
6.3.3 用 PT 建立原型......................122
6.4 思考题....................................131

第 7 章 智能化技术的发展..........132
7.1 万物互联................................133
7.1.1 万物互联的概念....................133
7.1.2 万物互联的四大支柱.............133
7.1.3 万物互联的三大通信关系.......135
7.1.4 万物互联的架构和关键技术...136
7.1.5 万物互联与 5G.....................137
7.2 云计算...................................138
7.2.1 云的建立..............................139
7.2.2 云计算关键技术....................140
7.2.3 云计算的应用领域.................142
7.3 大数据...................................144
7.3.1 数据的类型和单位.................144
7.3.2 大数据处理的关键技术..........145
7.3.3 大数据在我国的发展.............147
7.4 人工智能................................148
7.4.1 人工智能发展历程.................149
7.4.2 人工智能发展面临的难题.......150
7.4.3 人工智能的产业趋势.............151
7.5 思考题...................................152

参考文献......................................153

第 1 章 智能化技术简介

学习目标：

通过本章的学习，您能够了解到：

1. 智能化的概念和智能化系统组成。
2. 常见的智能化系统实例。
3. 如何使用 Packet Tracer 模拟器实现简单的智能家居控制。

1.1 智能化技术的概念

1.1.1 什么是智能化

所谓的智能化就是指由现代通信与信息技术、计算机网络技术、行业技术、智能控制技术汇集而成的针对某一个方面的应用。随着技术的不断发展，智能化的概念开始逐渐渗透到各行各业以及我们生活中的方方面面，智能化服务已经无处不在。

通常，智能化是指设备或系统能通过一系列预先设定的条件来执行相应的操作，从而达到一定的控制目标。例如生活中经常提到的智能家居：空调能够根据室内温度的变化来开启或关闭；灯光能根据室内的明暗来调节亮度；到了指定的时间，电饭煲能自动开启做饭功能；遇到烟雾过浓，报警器会自动响起警报声。这些都是家居设备智能化的实例。

智能常常跟智慧这个词联系在一起，相互比较，但智能是手段，智慧是思想。例如所谓的智慧城市，就是运用各种智能化技术感测、分析、整合城市运行核心系统的各项关键信息，从而对包括民生、环保、公共安全、城市服务、工商业活动在内的各种需求做出智能响应。智慧城市就是能感知人的需求，更好地为人服务。

1.1.2 智能化系统的组成

智能化系统一般由通信系统、数据获取系统、智能处理中心和控制系统四个部分组成，如图 1.1.1 所示。

通信系统通过利用计算机网络及现代通信技术，实现数据和控制信息的高速传输，从而保证智能化系统的顺利运行。

数据获取系统通过各种传感器、读卡器以及其他终端设备，获取所需要的信息，通过通信系统再传输给智能处理中心。

智能处理中心根据需要对数据进行相应的处理，或者将数据推送给人工处理终端，产生相应的处理操作后发送给控制系统。

控制系统根据接收的指令和数据，控制相应的设备或者系统完成指定的操作，从而达到预设的目标。

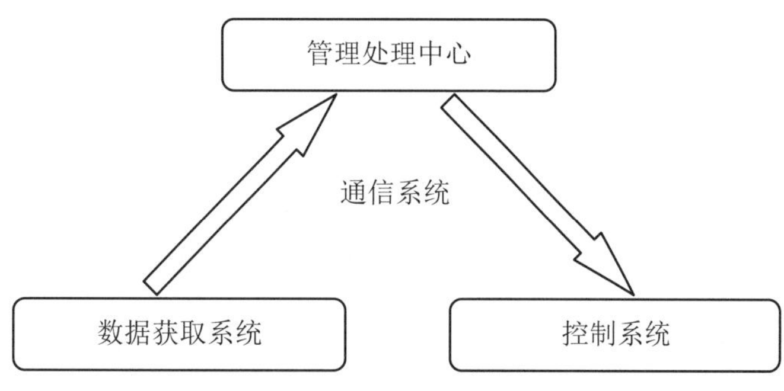

图 1.1.1 智能化系统的组成

1.1.3 生活中的智能化系统实例

智能化在我们的生活中已经无处不在，例如常常提到的智能楼宇、智能家居、智慧城市都是典型的智能化系统的实例。

1. 智能楼宇

智能楼宇是采用计算机技术对建筑物内的设备进行自动控制，对信息资源进行管理，为用户提供信息服务的建筑，是建筑技术适应现代社会信息化要求的结晶。

智能楼宇的定义众说纷纭，欧洲、美国、日本及新加坡的提法各有不同。其中，日本电机工业协会楼宇智能化分会对智能楼宇的定义在我国得到了较大的认可。

一般认为，智能楼宇综合了计算机、信息通信等方面的最先进的技术，使建筑物内的电力、空调、照明、防灾、防盗、运输设备等进行协调工作，实现了建筑物自动化（BA）、通信自动化（CA）、办公自动化（OA）、安全保卫自动化（SAS）和消防自动化（FAS）。

1984 年美国联合科技的 UTBS 公司在康涅狄格州哈特福德市将一座金融大厦进行改造，并取名为都市大厦（City Place），主要是增加了计算机、数据通信线路、程控交换机等设备，使住户可以得到通信、文字处理、电子函件、资料检索、行情查询等服务。同时，大楼的空调、给排水、供配电、防火、保安设备都由计算机进行控制，实现了综合自动化、信息化，使大楼的用户得到了经济舒适、高效安全的生活环境，使大厦功能发生质的飞跃，从而诞生了第一座智能楼宇。自此以后，楼宇智能化建设走上了高速发展轨道。

智能楼宇一般包括以下系统：综合布线系统、计算机网络系统、电话系统、有线电视及卫星电视系统、安防监控系统、一卡通系统、广播告示系统、楼宇自控系统、酒店管理系统、物业管理系统、楼宇智能化集成管理系统等。

（1）综合布线系统。结构化综合布线系统是整幢大楼的“神经系统”，是网络、通信等系统的基础。大楼结构化布线通常采用光纤作为主干（电话主干则使用大对数线缆），超五类或六类双绞线作为次干接入房间。

中华人民共和国住房和城乡建设部规定自 2017 年 4 月 1 日起实施《综合布线系统工程设计规范》（GB 50311 － 2016），为推动智能楼宇在我国的广泛应用打下了良好的基础。

（2）计算机网络系统。在综合布线基础上构建的计算机网络系统，提供系统桌面 100/1000Mbps 接入，在公开区域部署无线网络，可以在整个楼宇内提供无死角的网络覆盖。在网络系统上可以部署多种网络应用，如办公系统、各种管理系统、视频点播服务（IPTV）、IP 电话（如 AnyChat 音视频）等。在网络中心建设互联网出口，配合安全设备和计费系统，可为楼宇内各种用户提供互联网接入服务。

（3）电话系统。电话系统利用综合布线的基础设施，配置大容量程控交换机，可以为楼宇内用户提供电话、传真等通信服务。楼宇内移动信号覆盖一般由移动公司在楼道内安装信号放大器来实现。

（4）有线电视及卫星电视系统。整个大楼接入有线电视网络，并建设自己的卫星电视接收系统，可以为楼宇内用户（酒店、公寓等）提供电视服务，如需收费，可建设卫星电视计费系统。

（5）安防监控系统。安防监控系统包括视频监控系统、入侵检测系统和巡更系统。视频监控系统在重要部位（楼宇出入口、电梯、楼道等）安装摄像机，实时监控并录像，建设安防监控中心，派专人进行监控和管理。入侵检测系统是在重要部位部署入侵探测器，防止非法入侵。巡更系统是安保人员定期按照计划线路进行巡更，记录巡更情况和结果。

（6）一卡通系统。一卡通系统包括门禁、考勤、消费、身份管理等多重功能，可根据需求进行部署。一卡通系统还可以和酒店管理系统、停车场管理系统、电子巡更系统等相结合，实现业务的拓展。

（7）广播告示系统。广播告示系统可用于播放背景音乐、通知和应急广播。告示系统用于发布视频信息，在门厅、大堂、电梯间等地配置告示屏，播放宣传材料、广告和公告信息等。

（8）楼宇自控系统。楼宇中电力设备，如电梯、水泵、风机、空调等，其主要工作性质是强电驱动。通常这些设备是开放性的工作状态，也就是说没有形成一个闭环回路。只要接通电源，设备就在工作，至于工作状态、进程、能耗等，无法在线及时得到数据，更谈不上合理使用和节约能源。楼宇自控系统对建筑物中机电设备进行全面、有效的监控和管理，通过设置相应的传感器、行程开关、光电控制等，对设备的工作状态进行检测，并通过线路返回控制机房的中心计算机，由计算机得出分析结果后，再返回到设备终端进行调解，实现对空调系统、冷冻机组、变配电高低压回路、给排水回路、各种水泵、照明回路等的状态监测和启停控制，对变配电高低压回路、电梯系统的状态监测和故障报警。

（9）酒店管理系统。酒店管理系统包含预定接待、账务处理、客房中心、报表中心等功能模块。优秀的酒店管理软件能有效地提高酒店的服务水平和工作效率，规范酒店的业务流程，帮助酒店管理者及时、全面地了解经营信息，做出更加准确的决策，从而有效地提高酒店的经营效益。

（10）物业管理系统。物业管理系统实现了对公寓住宅、商场部分进行房产管理、客户管理、综合服务、安全管理、服务管理、租赁管理、车辆管理、入住管理、资产管理等一系列操作，大大地提高了物业的工作效率，并能体现出现代化公寓小区的智能化管理水平和先进的管理思想。

（11）楼宇智能化集成管理系统。楼宇智能化集成管理系统可将楼宇各个智能化系统进行集成，实现资源的优化配置和信息共享，以及对整个智能化系统的全局管理，最大限度地实现各个子系统之间的联动控制功能。

智能楼宇虽然由众多系统组成，但总体分析，仍然可以概括为通信系统、数据获取系统、控制系统和智能处理中心四个部分。

2. 智能家居

智能家居又称为智能住宅，在国外常用 Smart Home 表示，是人们的一种居住环境，以住宅为平台安装智能家居系统，使得家庭生活更加安全、节能、智能、便利和舒适，实现“以人为本”的全新家居生活体验。

智能家居系统是利用先进的计算机技术、网络通信技术、综合布线技术、自动控制技术、音频视频技术，依照人体工程学原理，融合个性需求，将与家居生活有关的各个子系统（如灯光控制、窗帘控制、煤气阀控制、信息家电、场景联动、地板采暖、健康保健、卫生防疫、安防安保等）有机地结合在一起，通过网络进行智能控制和管理，构建出高效的住宅设施与家庭日程事务的管理系统。

智能家居系统让人们轻松地享受生活。出门在外，主人可以通过手机、计算机来远程遥控家中各智能系统。例如，在回家的路上提前打开家中的空调和热水器；到家开门时，借助门磁或红外传感器，系统会自动打开过道灯，同时打开电子门锁，安防撤防，开启家中的照明灯具和窗帘迎接主人的归来；回到家里，只要发声就可以方便地控制房间内各种电器设备，还可以通过智能化照明系统选择预设的灯光场景，读书时营造书房舒适安静的环境，卧室里营造浪漫的灯光氛围……这一切，主人都可以安静地坐在沙发上进行，仅仅通过语音或者遥控器就可以控制家里的一切，比如：拉窗帘，给浴池放水并自动加热调节水温，调整窗帘、灯光、音响的状态；厨房配装液晶屏幕，可以一边做饭，一边收看娱乐节目、新闻或者接打电话、查看门口的来访者；在公司上班时，家里的情况还可以显示在办公室的计算机或手机上，随时查看；门口具有拍照留影功能，家中无人时如果有来访者，系统会拍下照片供主人回来查询。

智能家居最终目的是让家庭更舒适、更方便、更安全、更符合环保要求。随着人类消费需求和住宅智能化的不断发展，智能家居系统将拥有越来越丰富的内容，系统配置也越来越完善。

美国电子工业协会于1988年编制了第一个适用于家庭住宅的电气设计标准，即《家庭自动化系统与通信标准》，也称之为家庭总线系统标准（HBS）。我国也从1997年初开始制定《小康住宅电气设计（标准）导则》（讨论稿，简称《导则》）。在《导则》中规定了小康住宅小区电气设计总体上应满足以下要求：高度的安全性，舒适的生活环境，便利的通信方式，综合的信息服务，家庭智能化系统。《导则》同时也对小康住宅与小区建设在安全防范、家庭设备自动化和通信与网络配置等方面提出了三级设计标准，即第一级为“理想目标”，第二级为“普及目标”，第三级为“最低目标”，开始了我国定义智能家居标准的步伐。

一般认为，智能家居系统包含的主要子系统有：家居布线系统、家庭网络系统、智能家居（中央）控制管理系统、家居照明控制系统、家庭安防系统、背景音乐系统（如TVC平板音响）、家庭影院与多媒体系统、家庭环境控制系统等八大系统，如图1.1.2所示。但总体来说，仍然可以概括为通信系统、数据获取系统、控制系统和智能处理中心四个部分。

图1.1.2　智能家居系统组成

3. 智慧城市

2008年11月，在纽约召开的外国关系理事会上，IBM提出了“智慧地球”这一理念，进而引发了智慧城市建设的热潮。

智慧城市就是运用信息和通信技术手段感测、分析、整合城市运行核心系统的各项关键信息，从而对包括民生、环保、公共安全、城市服务、工商业活动在内的各种需求做出智能响应。其实质就是利用先进的信息技术，实现城市的智慧式管理和运行，进而为城市中的人创造更美好的生活，促进城市的和谐和可持续发展。

我国正处于城镇化加速发展的时期，城市将承载越来越多的人口。为解决城市发展难题，实现城市可持续发展，建设智慧城市已成为不可逆转的历史潮流。

2009 年，迪比克市与 IBM 合作，建立了美国第一个智慧城市，利用物联网技术，在一个有六万居民的社区里将各种城市公用资源（水、电、油、气、交通、公共服务等）连接起来，监测、分析和整合各种数据以作出智能化的响应，更好地服务市民。迪比克市的第一步是向所有住户和商铺安装数控水电计量器，其中包含低流量传感器技术，防止水电泄漏造成的浪费，同时搭建综合监测平台，及时对数据进行分析、整合和展示，使整个城市对资源的使用情况一目了然。更重要的是，迪比克市向个人和企业公布这些信息，使他们对自己的耗能有更清晰的认识，对可持续发展有更多的责任感。

新加坡于 2006 年启动“智慧国 2015”计划，通过物联网等新一代信息技术的积极应用，将新加坡建设成为经济、社会发展一流的国际化城市。在电子政务、服务民生及泛在互联方面，新加坡的成绩引人注目。其中智能交通系统通过各种传感数据、运营信息及丰富的用户交互体验，为市民出行提供实时、适当的交通信息。

为规范和推动智慧城市的健康发展，住房城乡建设部启动了国家智慧城市试点工作。经过地方城市申报、省级住房城乡建设主管部门初审、专家综合评审等程序，首批国家智慧城市试点共 90 个。

天津市和平区的“智慧和平城市综合管理运营平台”包括指挥中心、计算机网络机房、智能监控系统、和平区街道图书馆和数字化公共服务网络系统五个部分内容，其中指挥中心系统囊括政府智慧大脑六大中枢系统，分别为公安应急系统、公共服务系统、社会管理系统、城市管理系统、经济分析系统、舆情分析系统。该项目为满足政府应急指挥和决策办公的需要，对区内现有监控系统进行升级换代，增加智能视觉分析设备，提高反应速度，做到事前预警，事中处理及时迅速，并统一数据、统一网络，建设数据中心、共享平台，从根本上有效地将政府各个部门的数据信息互联互通，并对整个和平区的车流、人流、物流实现全面的感知，该平台在和平区经济建设中将为领导的科学指挥决策提供技术支撑作用，是我国智慧城市建设的典型范例，如图 1.1.3 所示。

智慧城市的发展离不开各种新技术和新模式的应用，移动互联网、物联网、云计算以及大数据在智慧城市领域具有强大的推动作用。移动互联网、物联网的应用，使得智慧城市实现互联互通；云计算、数据中心为城市各领域的智能化应用提供统一的数据平台；而大数据则是智慧城市建设发展的智慧引擎，在这些新技术与新应用的支撑下，智慧城市才得以快速推进和发展。

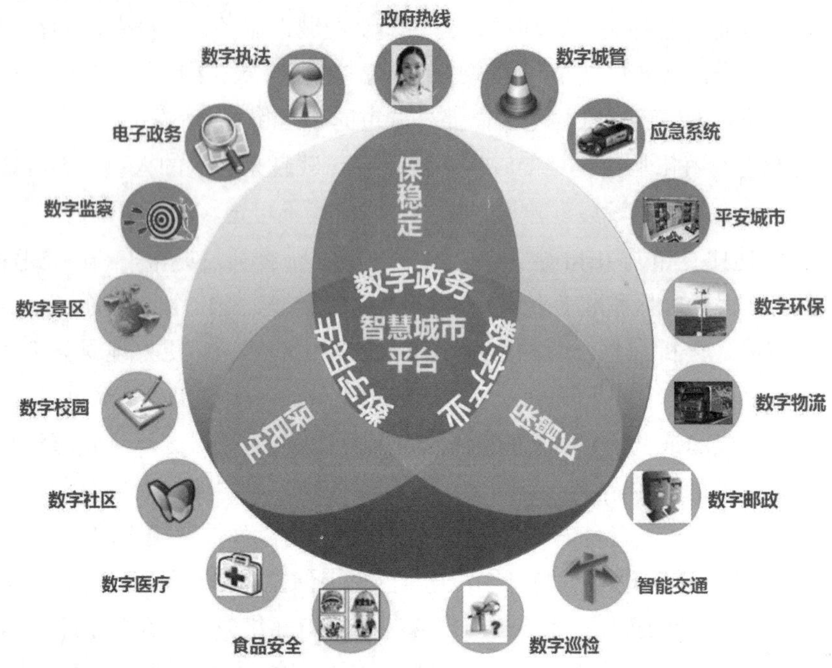

图 1.1.3　智慧城市全景图

1.2 PT 工具简介

Cisco Packet Tracer 是思科公司专门针对思科网络技术学院发布的一个辅助学习工具，是一款功能十分强大的仿真模拟器，主要用于模拟网络环境，目前在用的主要版本是 7.2.1。Packet Tracer 7.2.1（以下简称 PT 7.2.1）提供了多种仿真智能终端，允许学生设计和配置简单的智能化模拟系统。

1.2.1　PT 7.2.1 的安装

PT 7.2.1 有两种安装版本：32bit 和 64bit 版本，分别对应 32bit 和 64bit 的 Windows 操作系统。从思科网院官方网站可以下载这两个版本的应用程序。

以 PT 7.2.1 64bit 为例，双击 PacketTracer721_64bit_setup 安装程序，会弹出“许可证协议”窗口，如图 1.2.1 所示。

选中“I accept the agreement”，单击“next”按钮进入下一步“安装路径”窗口。

在“安装路径”窗口中选择安装路径，也可以使用默认路径安装，如图 1.2.2 所示。

单击 Next 按钮，可以看到出现“选择开始菜单文件夹”窗口，如图 1.2.3 所示，可直接采用默认值。

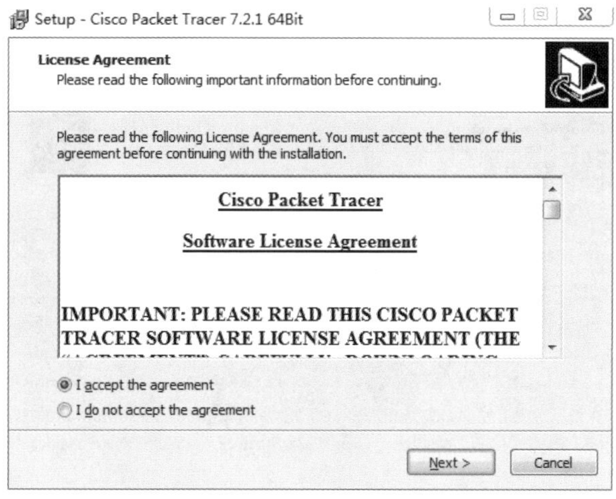

图 1.2.1　PT 7.2.1“许可证协议”窗口

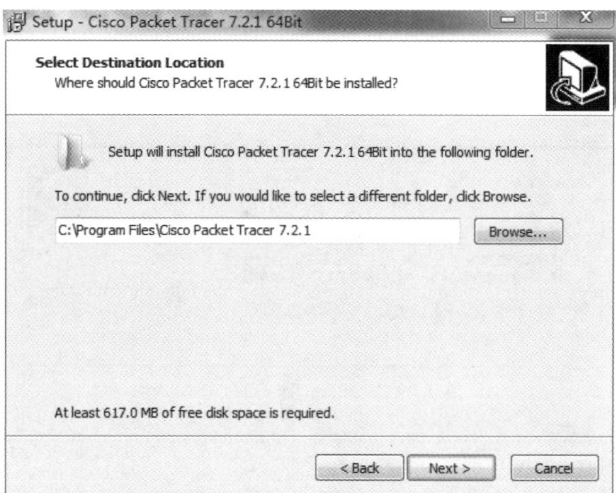

图 1.2.2　PT 7.2.1“安装路径”窗口

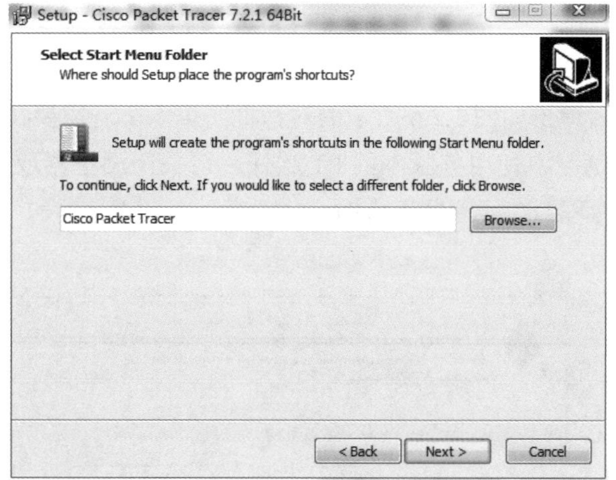

图 1.2.3　PT 7.2.1“选择开始菜单文件夹”窗口

单击 Next 按钮，直至出现“准备安装”窗口，如图 1.2.4 所示。

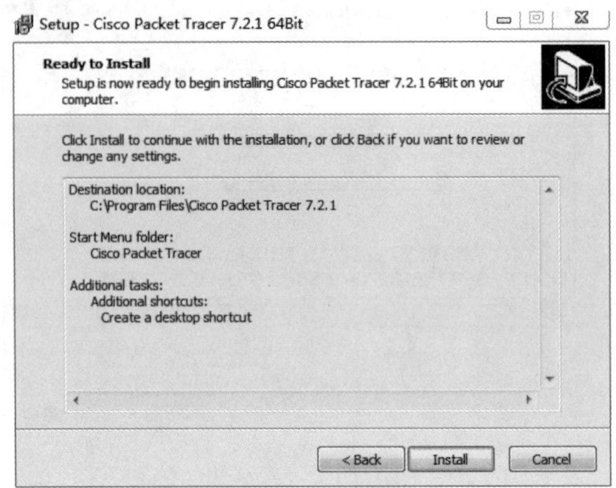

图 1.2.4　PT 7.2.1“准备安装”窗口

单击 Install 按钮，将显示安装进度，如图 1.2.5 所示。

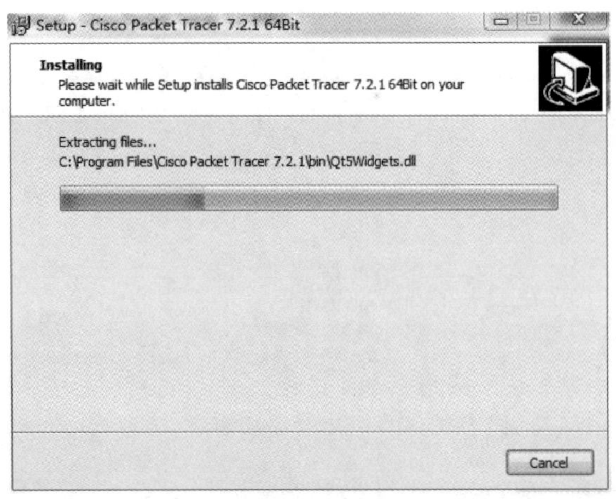

图 1.2.5　PT 7.2.1“安装进度”窗口

进度条结束之后弹出如图 1.2.6 所示的对话框，提示：若需要在基于 Packet Tracer 技能的测试（PTSBA）中使用该版本的 PT 软件，请关闭浏览器或重启计算机。这是针对思科网院在线课程的在线测试而言的。

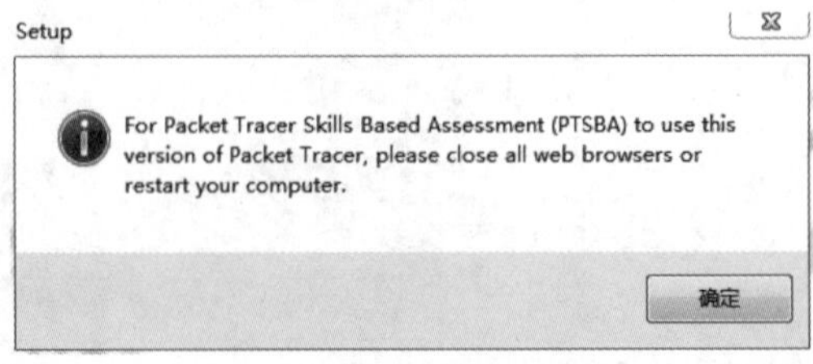

图 1.2.6　PT 7.2.1 安装提示

单击“确定”按钮，完成安装，如图 1.2.7 所示。

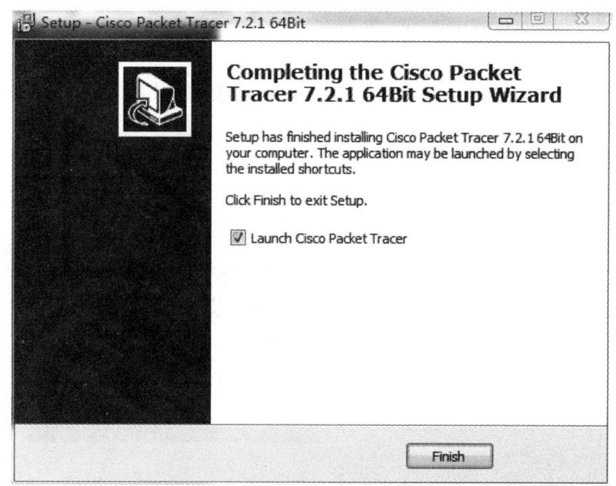

图 1.2.7　PT 7.2.1 安装完成

安装完成即可打开 PT 7.2.1 模拟器，开始仿真实验。

1.2.2　PT 7.2.1 界面简介

双击桌面上的 Cisco Packet Tracer 图标，打开 PT 7.2.1 模拟器界面。

如果是第一次安装使用，会弹出登录对话框。如果已有思科网院登录账号，即可用其登录，如果没有注册过思科网院的登录账号，可以直接单击界面右下角的 Guest Login 按钮，以游客方式登录，如图 1.2.8 所示。

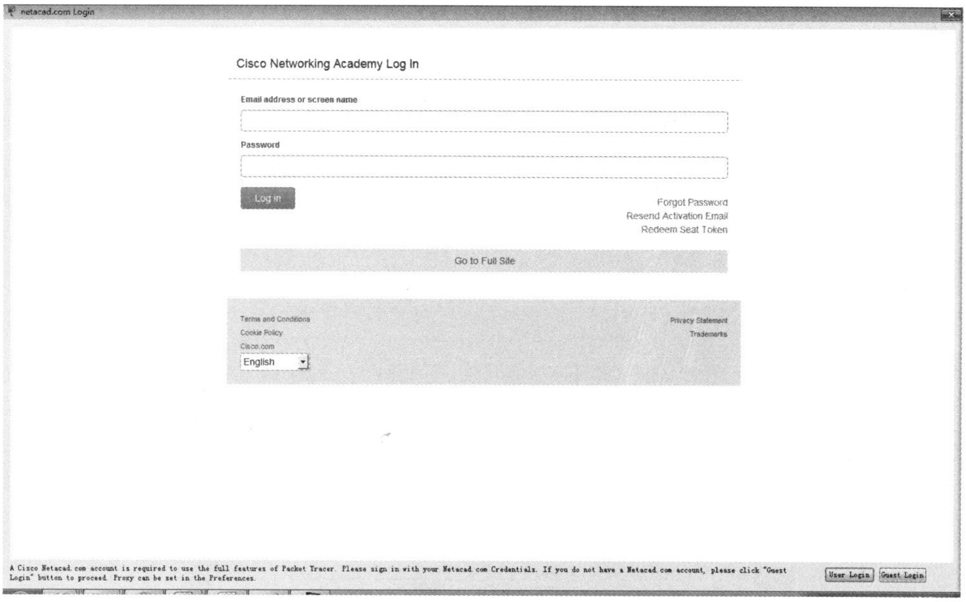

图 1.2.8　PT 7.2.1 首次登录界面

游客方式登录和账号登录的区别主要是对于实验过程的保存次数的支持程度不同，账号登录可无限次保存，而游客登录只能保存 10 次。

同时，系统还会自动打开思科网院 PT 101 课程注册页面，允许自行注册到思科网院，如图 1.2.9 所示。PT 101 是思科提供的关于英文版 PT 软件使用介绍的课程。

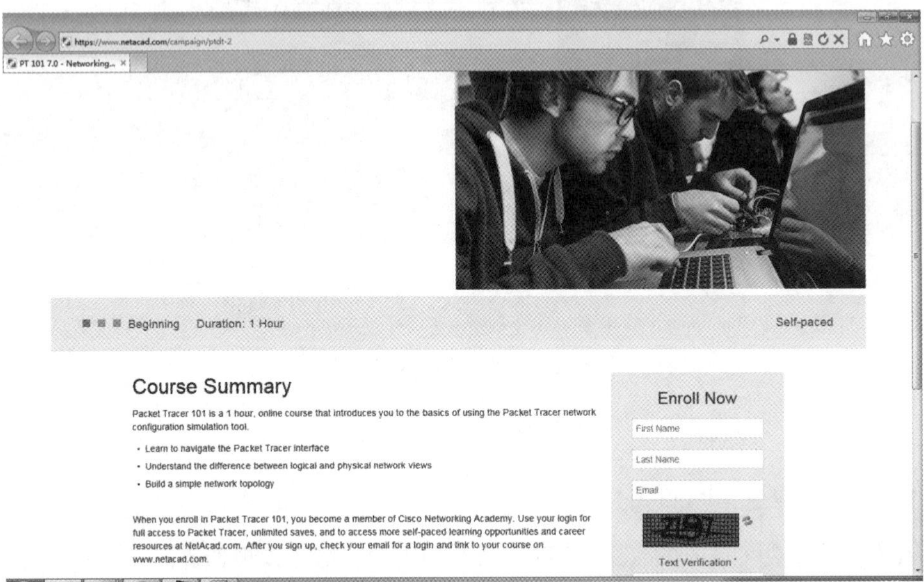

图 1.2.9　PT 101 课程

在这里注册的账号可以在 PT 软件打开时作为登录账号使用。若使用账号登录过，则下次使用 PT 时无需再次登录。

此时 PT 模拟器主界面已经打开，如图 1.2.10 所示。

图 1.2.10　PT 7.2 主界面

模拟器界面下部是该模拟器支持的硬件设备。其中左下角第一行是模拟器支持的设备大类，从左到右依次是:网络设备、终端设备、物联网组件、连接线、杂类路由器、多用户虚拟连接，如图 1.2.11 所示。

图 1.2.11　PT 支持的设备大类

当单击左下角第一行任意一个大类时，第二行将出现该大类对应的设备类别。

例如，单击左下角第一行的网络设备大类，第二行从左到右出现的是模拟器支持的网络设备：路由器、交换机、集线器、无线设备、安全设备和仿真广域网，如图 1.2.12 所示。

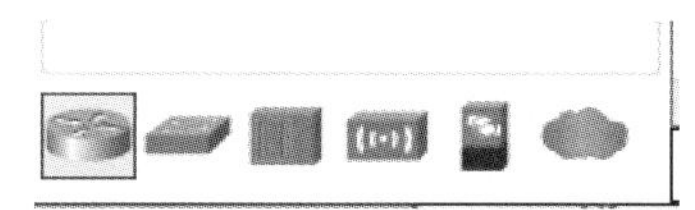

图 1.2.12　网络设备分类

当选中第二个大类,即终端设备大类时,第二行将出现模拟器支持的终端设备类别,如图 1.2.13 所示。

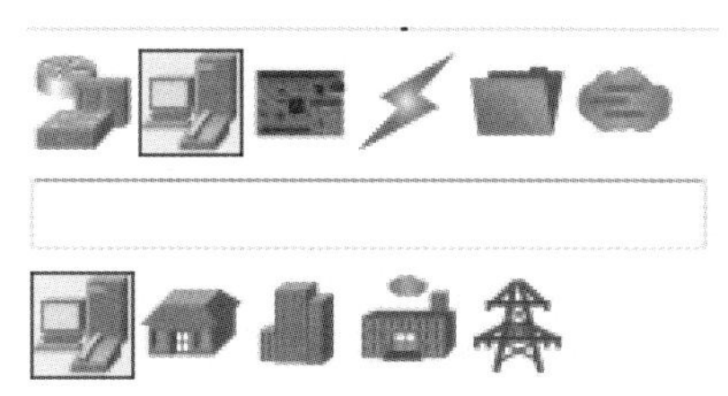

图 1.2.13　终端设备

从左到右依次是计算机终端、家庭智能终端、智慧城市终端、工业智能终端、电源节点。

本书主要介绍智能化技术，将主要使用其中的终端设备大类。在组建家庭网络的时候，也将涉及少量网络设备。

当选中指定的设备大类时，模拟器界面左下角第二行将出现该大类设备对应的设备类别，单击具体的类别，在界面下部的右边对应区域，将出现该类别所对应的具体设备，如图 1.2.14 所示。

图 1.2.14　具体设备列表

例如，选中终端设备大类，再选定家庭智能终端，这时在右边出现的就是模拟器所支持的家庭智能终端设备，从左到右分别是：空调、自定义家电、电池、二氧化碳检测器、一氧化碳检测器、风扇、智能门等。在鼠标指针移到具体的设备上时，在右边栏下方中间，会出现英文名称，提示具体是什么设备，如图 1.2.15 所示。

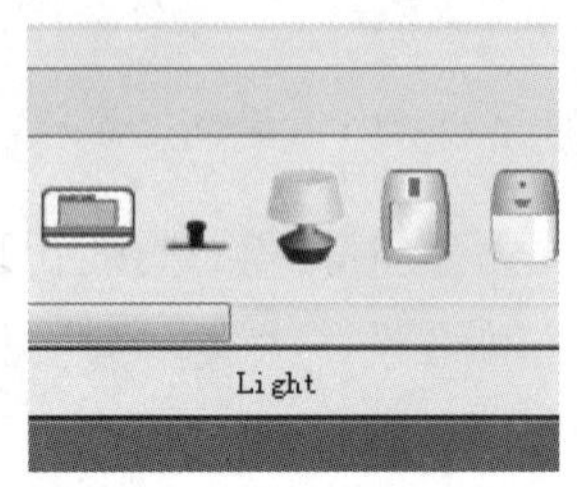

图 1.2.15　具体设备名称为台灯

选中具体的设备，拖到界面中央，该设备就会出现在模拟器中，如图 1.2.16 所示。

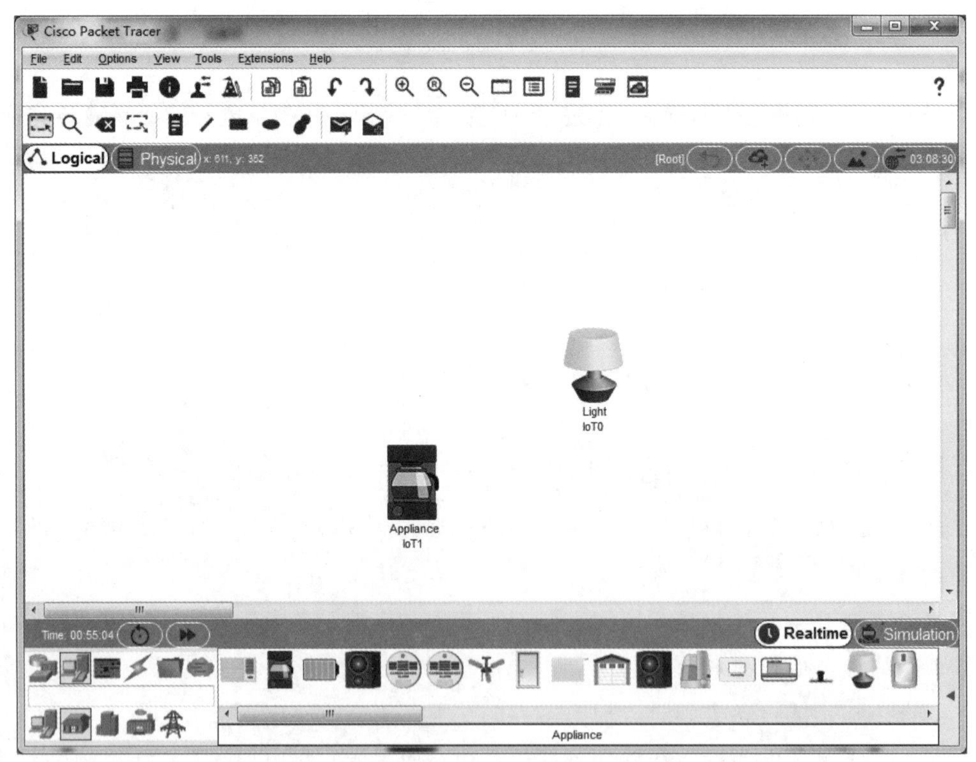

图 1.2.16　将设备拖放到模拟器主界面中

如图 1.2.16 所示，界面中央有自定义家电和台灯。单击台灯，可以看到该设备的属性选项卡，如图 1.2.17 所示。

可以看到，这是一个可以进行开和关操作的台灯。其特性为：支持在服务器上注册、开、调暗、关、向环境发光等操作，并可通过按下 Alt 键 + 单击进行直接控制。

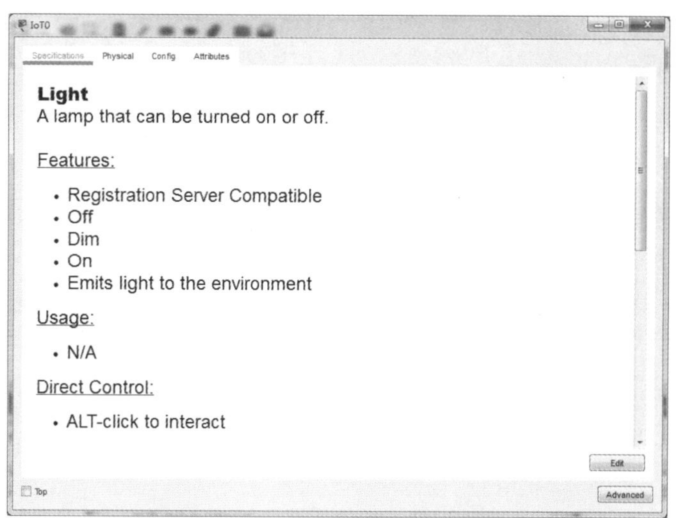

图 1.2.17 设备属性选项卡

1.3 感受智能家居系统

简单地说，智能家居系统是智能家居终端通过家庭网络连接到智能家居中控设备来组成的。其中智能家居终端又具有两大主要功能：提供数据和接受控制。当然某些智能家居终端可能只具有其中一个主要功能，例如烟雾传感器，只提供烟雾数据；而喷水的喷头只是接受控制来实现喷水或者不喷水。但是它们都需要连接到智能家居的中控设备，以便有明确的提供数据或接受控制的目标。将智能家居终端和智能家居中控设备连接起来的媒介，就是家庭网络。

因此，即使最简单的智能家居系统，也需要智能家居终端、智能家居中控设备和连接它们的网络。

本节将通过一个 Packet Tracer 实验来感受简单的智能家居系统。

随着季节的变化，家居室内的温度也是不断变化的，简单的智能家居系统将能自动根据温度的变化控制有关设备，稳定室内温度，使人感到舒适。

本实验将通过在室温变化条件下实现对取暖炉的开关自动控制，对智能家居系统的组成和功能做一个简单的讲解，以便后续章节的学习。在本实验中，当室温下降到15℃以下时，室内的取暖炉将自动开启；而当室温上升到高于 25℃时，取暖炉将自动关闭。

Packet Tracer 能够很容易地实现这一控制。

1.3.1 添加智能家居终端设备

打开 PT 7.2 模拟器界面，选中左下角第一排的第二大类设备：终端设备。这时左下角第二排将出现支持的终端设备类别。选中第二排第二个类别：家庭智能终端，这时右边将出现模拟器支持的家庭智能终端设备。选择第九个家庭智能终端设备，即取暖炉（Furnace），并将其拖到界面中央，如图 1.3.1 所示。

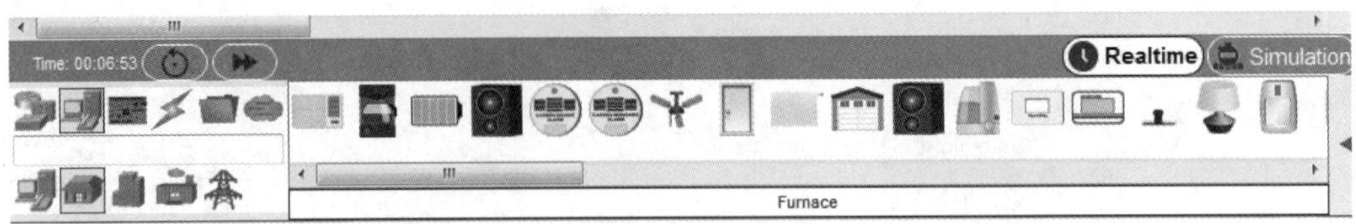

图 1.3.1　智能家居终端设备取暖炉

向右拖动下方的滚动条，找到温度监视器，如图 1.3.2 所示，将其拖到界面中央，如图 1.3.3 所示。

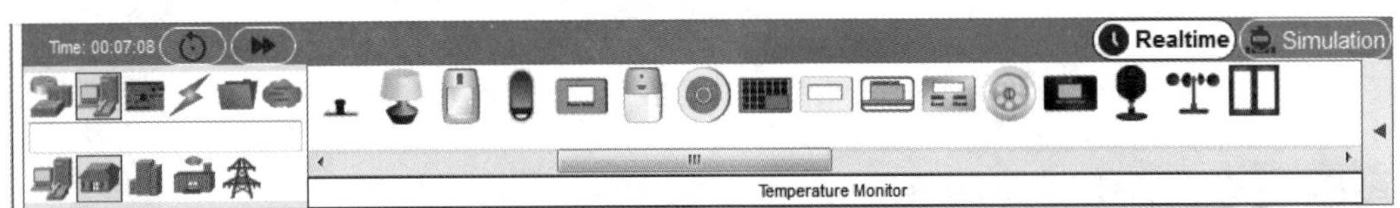

图 1.3.2　智能家居终端设备温度监视器

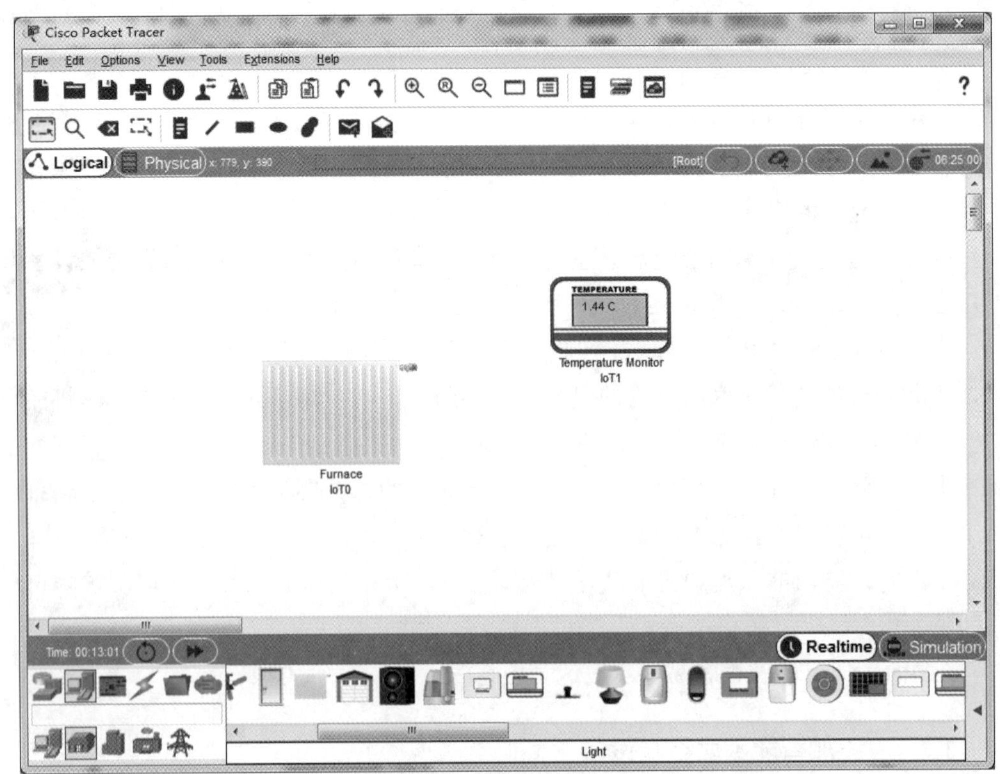

图 1.3.3　PT 主界面

单击取暖炉可以查看其属性。可以看到，取暖炉支持与中控服务器连接，每小时能使得一个典型办公室升温 10℃，并降低 2% 的湿度，如图 1.3.4 所示。

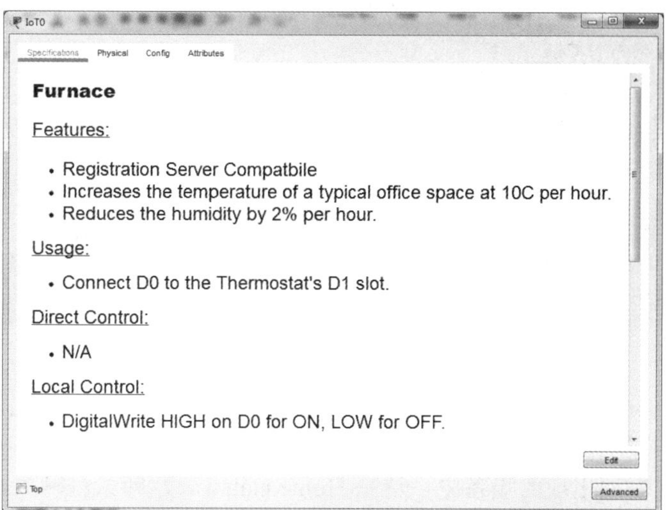

图 1.3.4 取暖炉属性

单击 Physical 选项卡，可以看到该设备插电使用，有电源开关，且有一个网线接口，如图 1.3.5 所示。

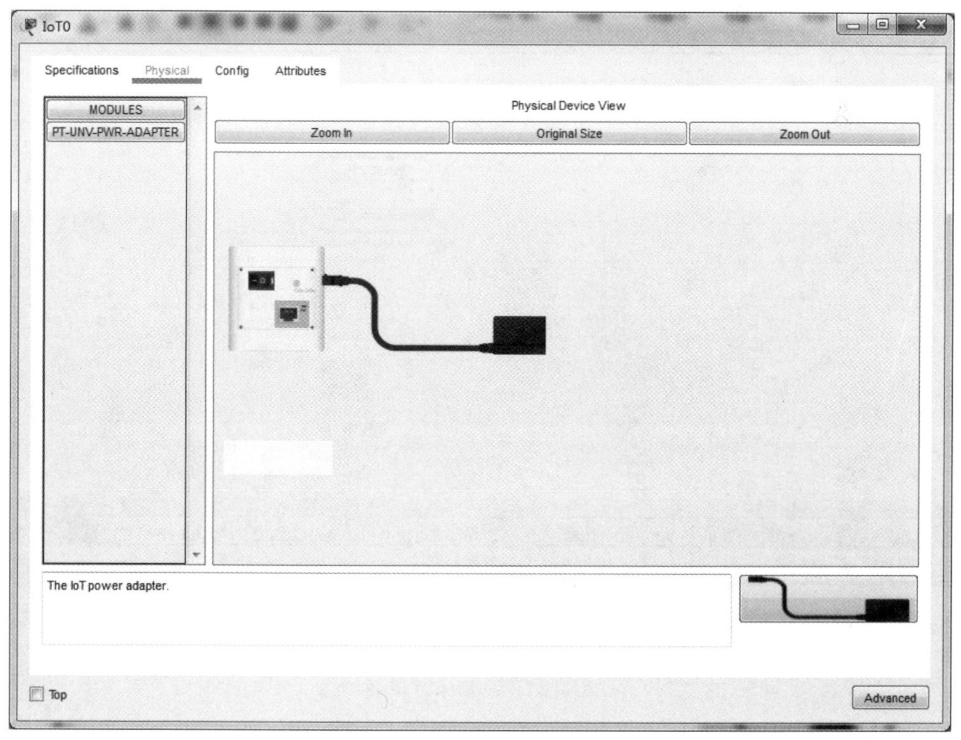

图 1.3.5 Physical 选项卡

同样可以查看温度监视器的属性。

很显然，温度监视器是提供温度数据的终端设备，而取暖炉是接受控制的终端设备，它们必须和智能家居中控设备相连，才能充分发挥各自的功能，更好地为人服务。

1.3.2　添加智能家居中控设备

PT 7.2.1 模拟器提供的智能家居中控设备是家庭网关，如图 1.3.6 所示。

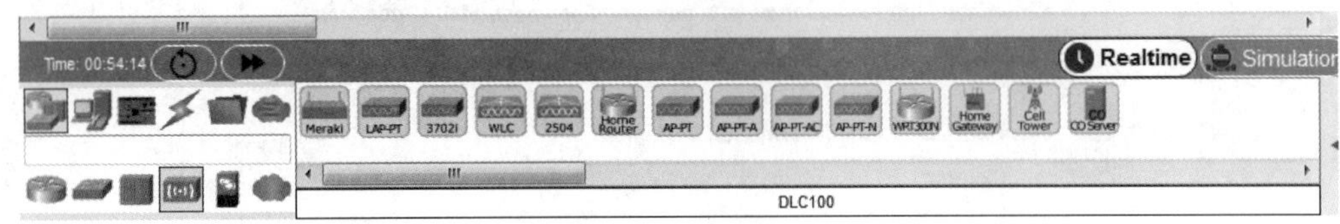

图 1.3.6　家庭网关

选中左下角第一排第一个设备大类，即网络设备。在第二排中选定第四个设备类别，即无线设备。在右边出现的设备中，选择 Home Gateway，即家庭网关，并将其拖到模拟器界面中央，如图 1.3.7 所示。

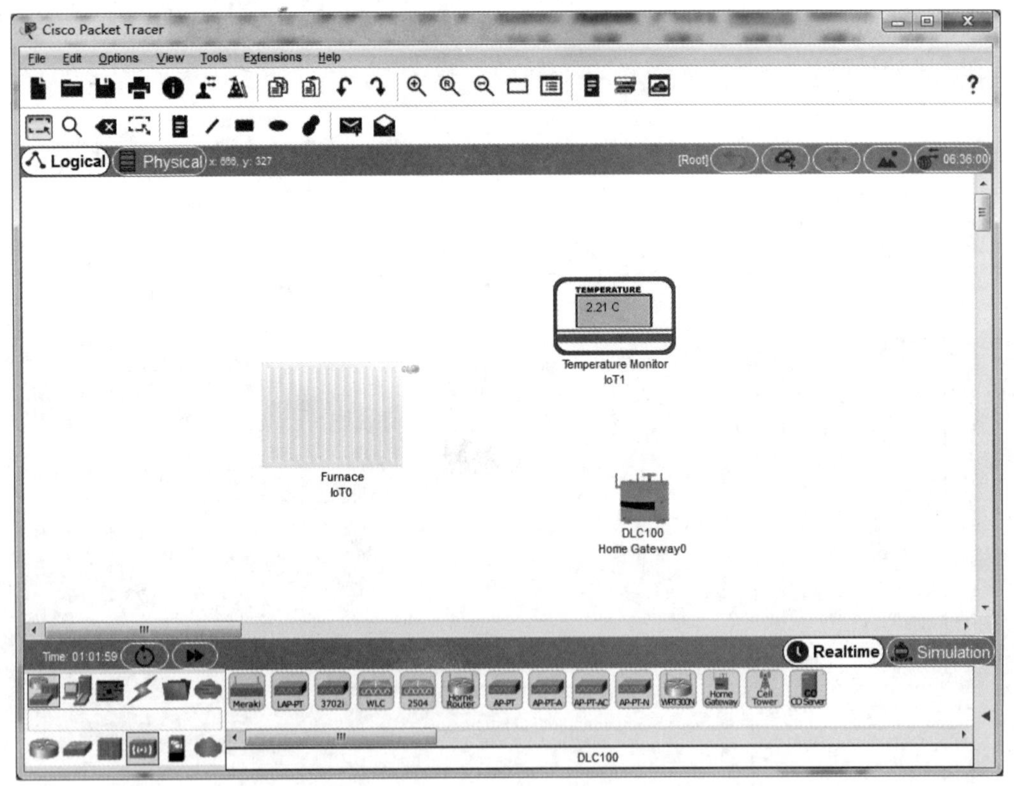

图 1.3.7　添加家庭网关

单击 Home Gateway0，可以查看其特性。例如，在 Physical 选项卡中，可以看到该设备的外观，如图 1.3.8 所示。

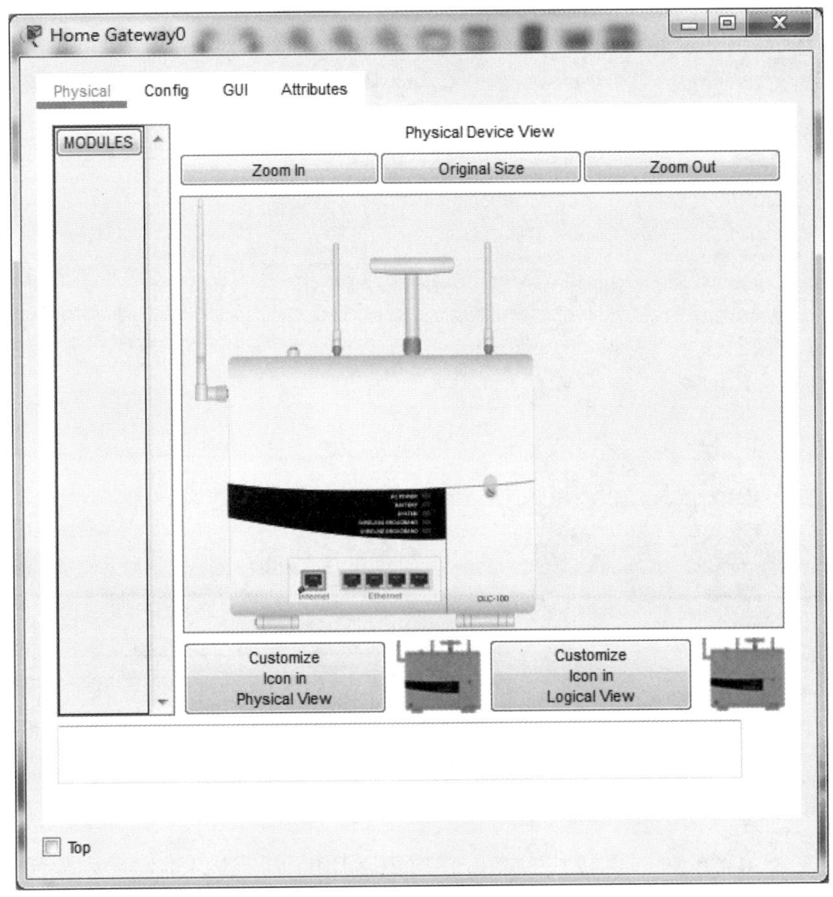

图 1.3.8　家庭网关外观

由于中控设备必须通过 PC 机来控制，因此还需要添加一台 PC 机。

选中终端设备大类，选定计算机终端设备类别，右边出现的第一个设备就是 PC 机，将其拖到界面中央，见图 1.3.9。

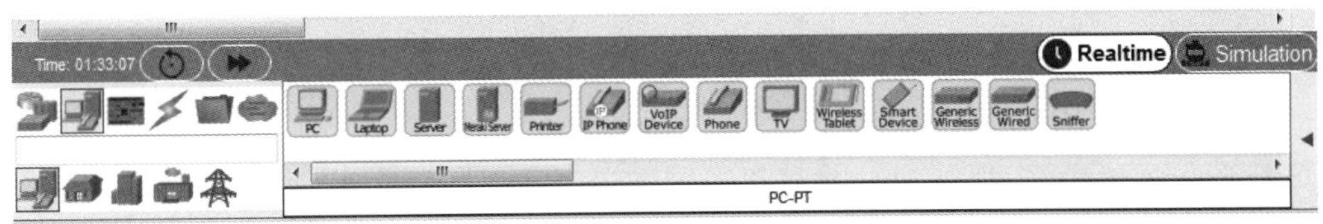

图 1.3.9　PC 机

现在可以看到界面上有 4 台设备。它们只有连接在一起，才可以进行相互操作，如图 1.3.10 所示。

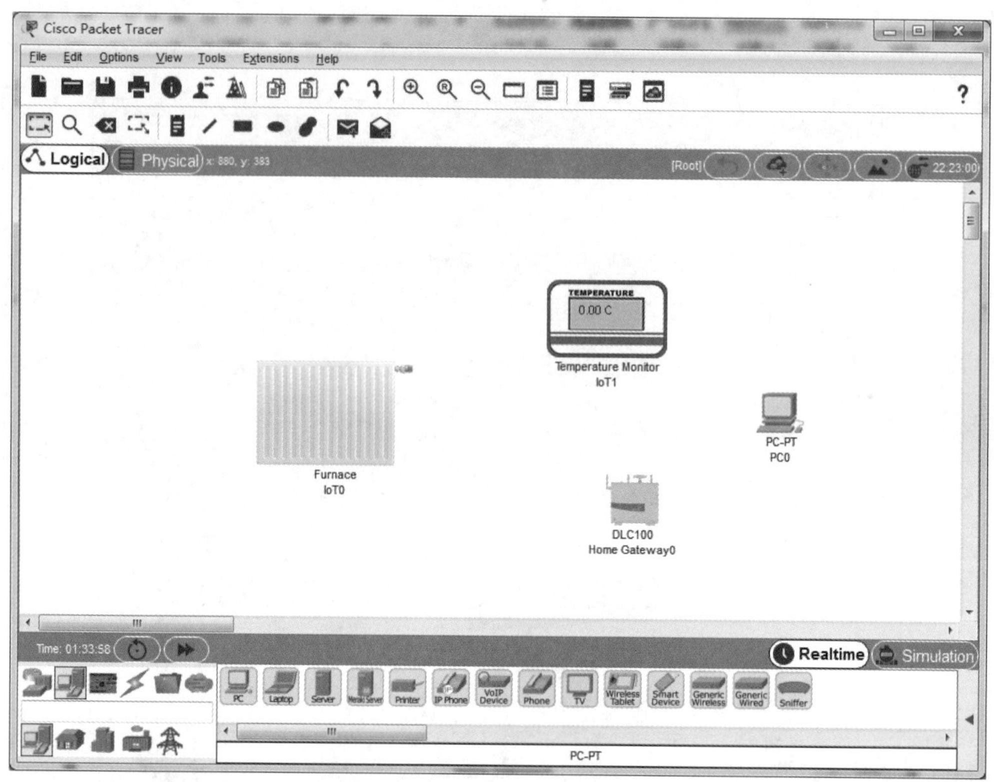

图 1.3.10　完成设备添加

1.3.3　连接设备

选中左下角第一排的连接线大类，将出现常用的连接线。本实验中仅用到直通双绞线（Copper Straight-Through），即右边第三个图标，如图 1.3.11 所示。

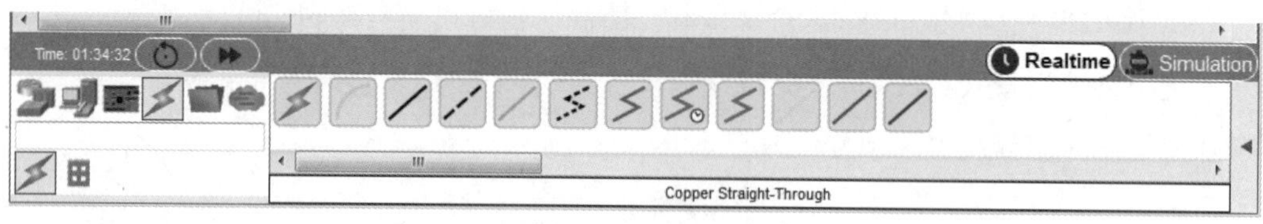

图 1.3.11　直通线

单击直通双绞线图标，可以看到右下方提示这是 Copper Straight-Through，再单击家庭网关，将弹出接口菜单，如图 1.3.12 所示。

选择 Ethernet 1，这时双绞线一端就连接到了家庭网关的 Ethernet 1 接口，再单击 PC0，在弹出的接口菜单中选择 FastEthernet0 接口，如图 1.3.13 所示。

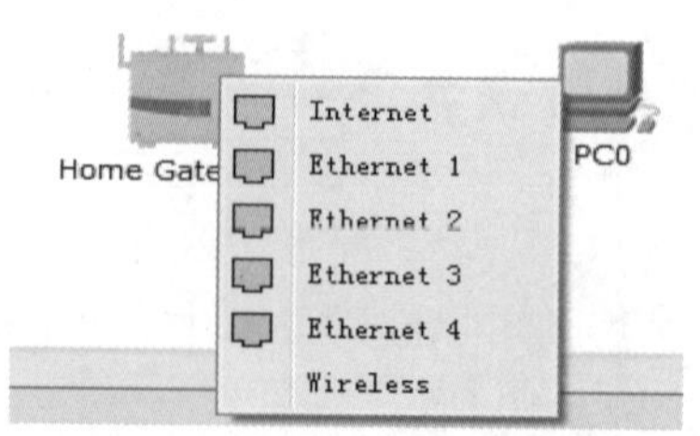

图 1.3.12　家庭网关接口菜单

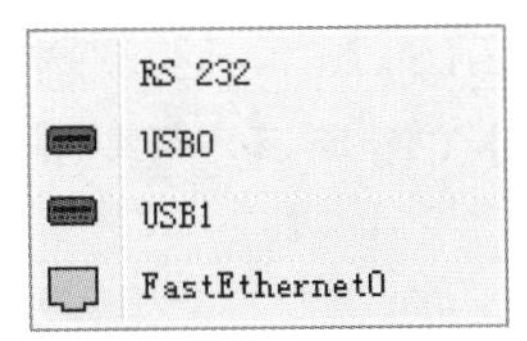

图 1.3.13　PC 机接口菜单

此时就把 PC 和家庭网关连接起来了，可看到双绞线连接家庭网关的指示灯是琥珀色，而另一端是绿色。稍等片刻，当两端都变成绿色时，表示连接成功。

做同样的操作，把家庭网关的 Ethernet 2 连接到温度监视器，Ethernet 3 连接到取暖炉，如图 1.3.14 所示。

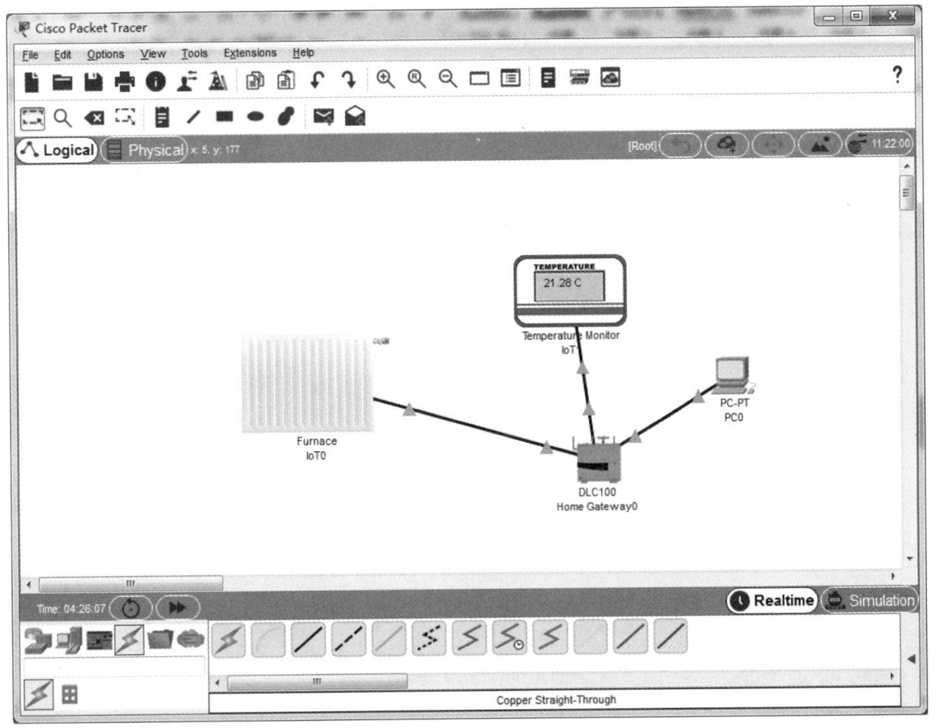

图 1.3.14　连接设备

虽然线缆连接完毕，但并不代表设备之间已能够实现通信，还需要做相应的配置。

首先需要配置的是 IP 地址。IP 地址是设备在网络中的身份标识。家庭网关在出厂的时候，就已经配好了默认的 IP 地址为 192.168.25.1，因此家庭网关不需要再另外配置 IP 地址了。

单击 PC 机，在弹出的窗口中选择 Desktop 选项卡，出现 PC 机的桌面，如图 1.3.15 所示。

单击左上角 IP Configuration 图标，在弹出的选项卡中选择 DHCP 单选按钮。等待片刻，可以看到 PC 机从家庭网关获取了自己的 IP 地址为 192.168.25.100，子网掩码为255.255.255.0，默认网关为192.168.25.1。这三个栏目都是灰色，表示该地址为自动获取，不能通过手工修改，如图1.3.16所示。

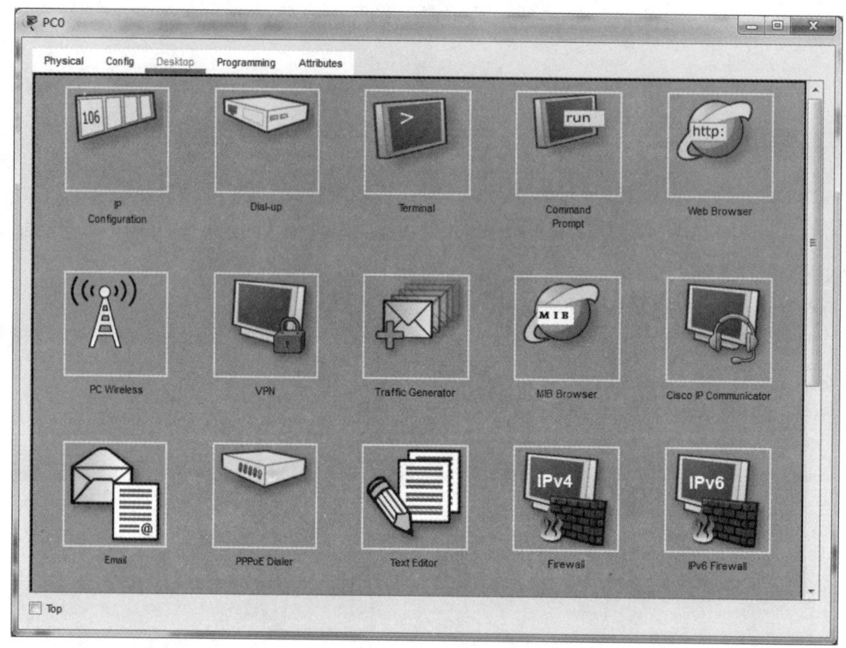

图 1.3.15　PC 机桌面选项卡

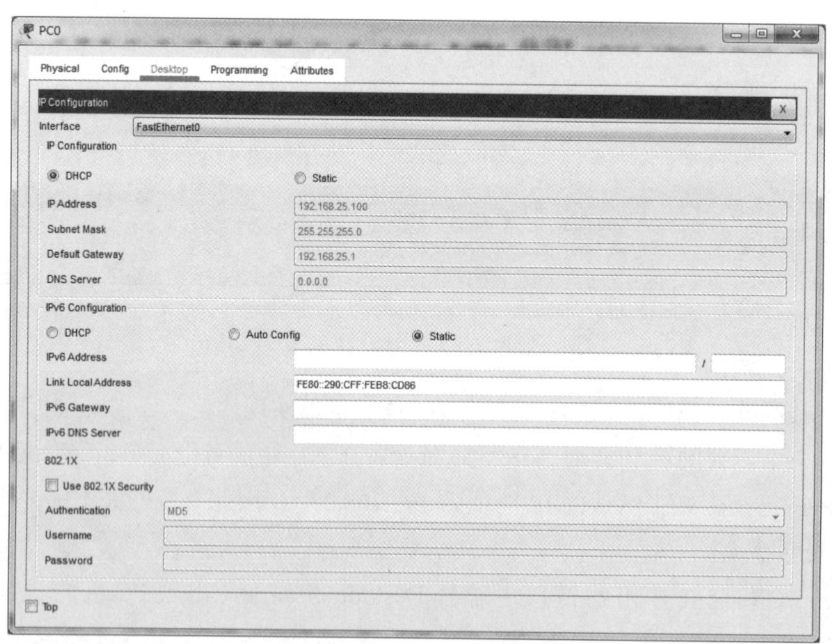

图 1.3.16　DHCP 方式获取 IP 地址

单击右上方 [x] 按钮，回到桌面。此时，PC 机可以与家庭网关实现通信了。

单击桌面右上角 Web Browser 图标，打开浏览器。在 URL 栏输入家庭网关的 IP 地址：192.168.25.1，将连接到家庭网关的登录界面，如图 1.3.17 所示。

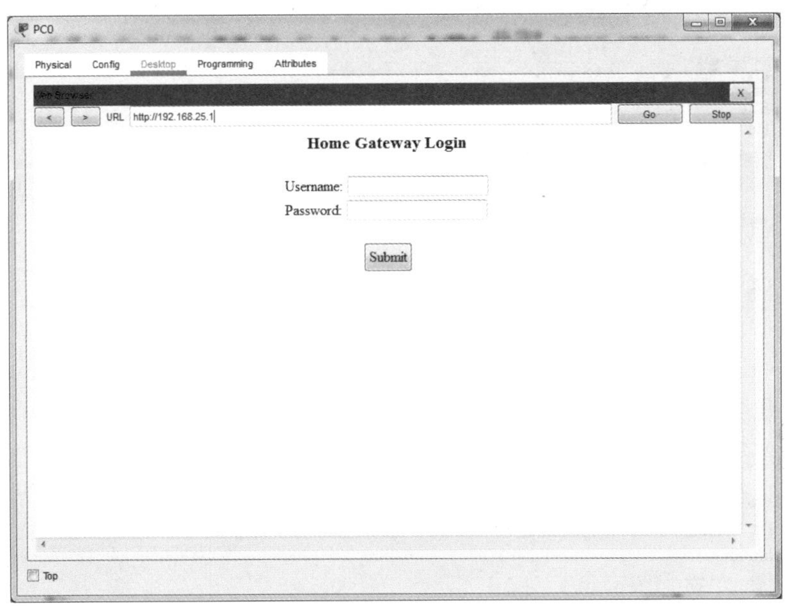

图 1.3.17 登录界面

默认的用户名和密码均为 admin。

输入默认的用户名和密码，登录家庭网关，可以看到这时家庭网关管理的设备是空的，因为取暖炉和温度监视器还没有连接上来，如图 1.3.18 所示。

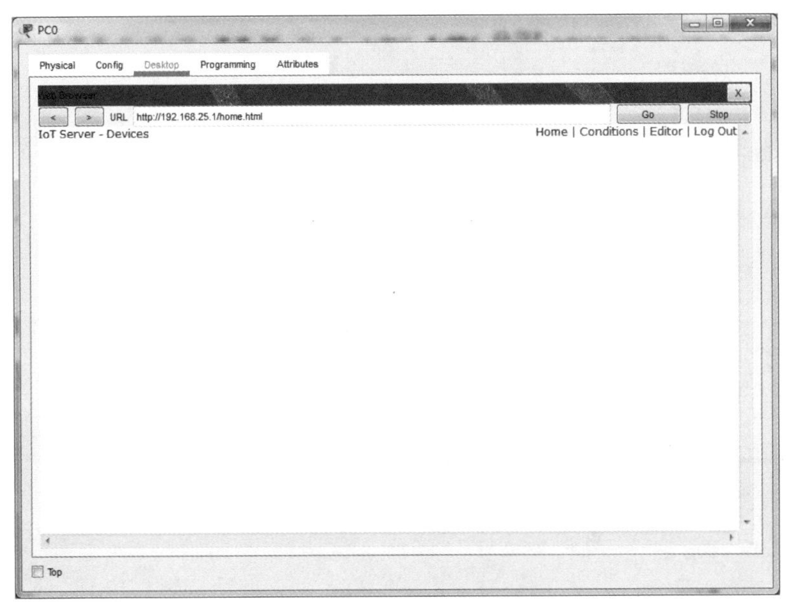

图 1.3.18 家庭网关主界面

单击取暖炉，在弹出的窗口中选择 Config 选项卡。

Display Name 表示显示在取暖炉图标下方的设备名字，可以修改，这里就使用默认的 IoT0。在 IoT Server 中选择 Home Gateway（家庭网关），如图 1.3.19 所示。

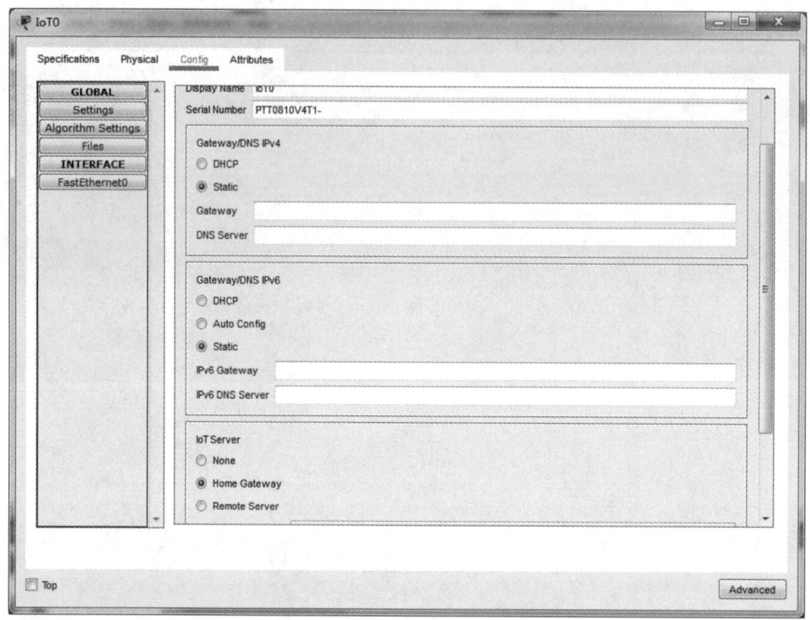

图 1.3.19 为取暖炉指定中控服务器

单击左边的 FastEthernet0 按钮，打开网络接口配置界面，如图 1.3.20 所示。

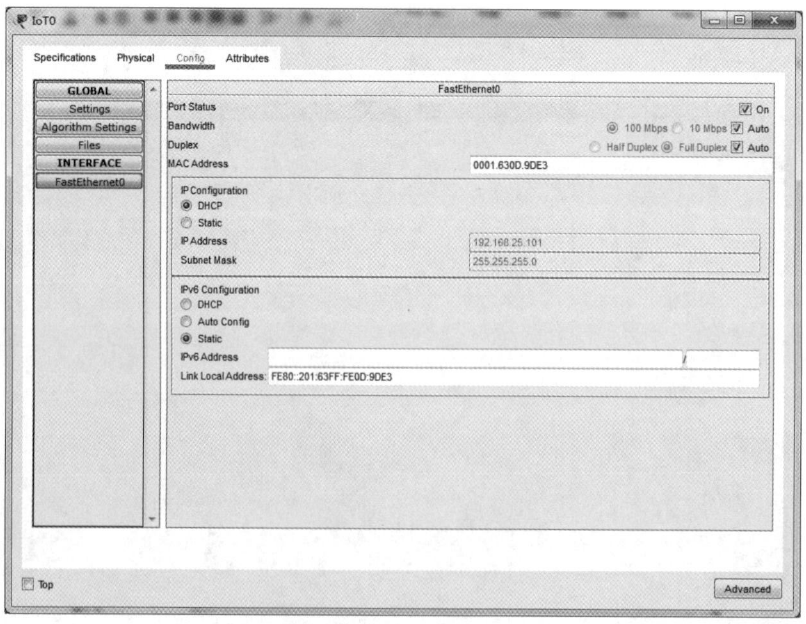

图 1.3.20 网络接口配置

在 IP Configuration 下面选择 DHCP 单选按钮，稍等片刻，可以发现取暖炉已经从家庭网关获取了 IP 地址。

再回到 PC 机中，打开浏览器，在 URL 栏输入 http://192.168.25.1/home.html，在登录界面输入默认的用户名和口令——admin，这时可以看到家庭网关管理的设备不再为空，如图 1.3.21 所示。IoT0 即取暖炉，出现在家庭网关管理的设备里。

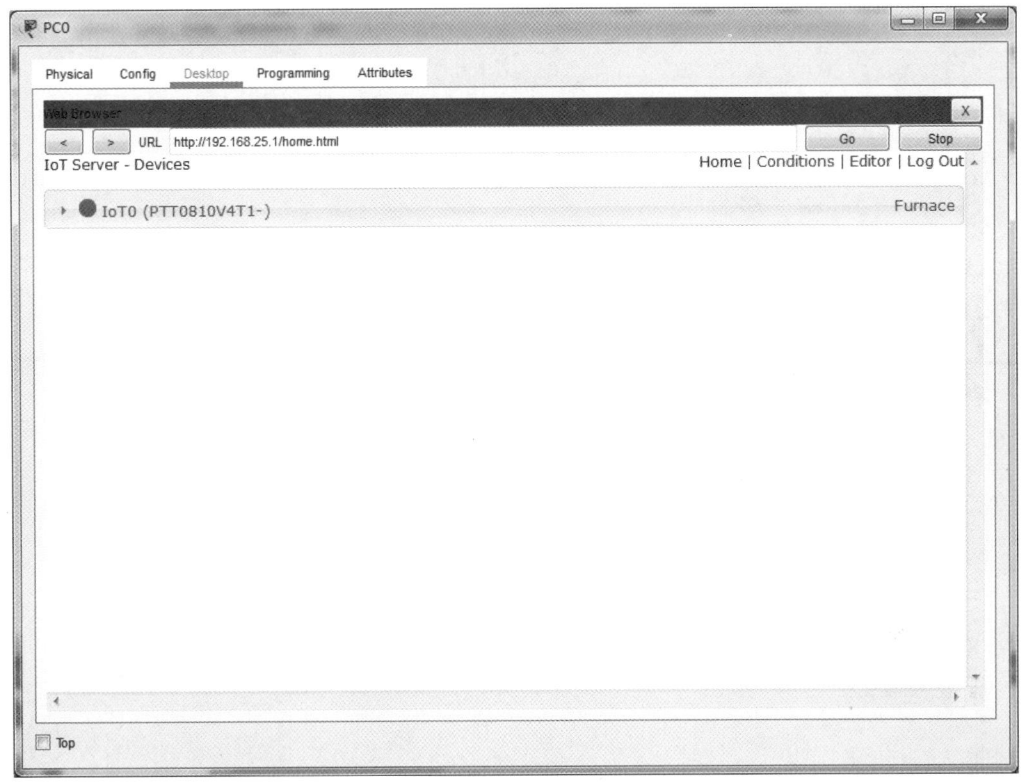

图 1.3.21 家庭网关管理设备列表

接下来，单击温度监视器，在弹出的窗口中选择 Config 选项卡，按照刚才设置取暖炉的步骤，使用默认的 Display Name，选择中控服务器为 Home Gateway，如图 1.3.22 所示。

单击左边的 FastEthernet0 按钮，在 IP Configuration 下面的单选按钮中选择 DHCP，如图 1.3.23 所示。

待设备获取到 IP 地址，这时所有设备与家庭智能中控设备都已经连接好了。

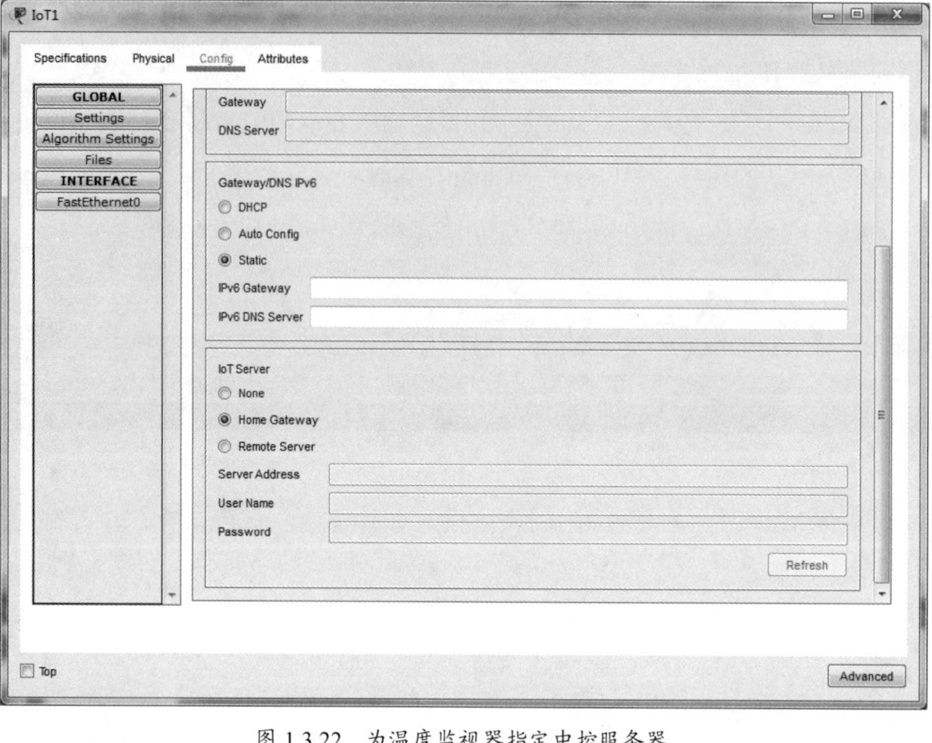

图 1.3.22　为温度监视器指定中控服务器

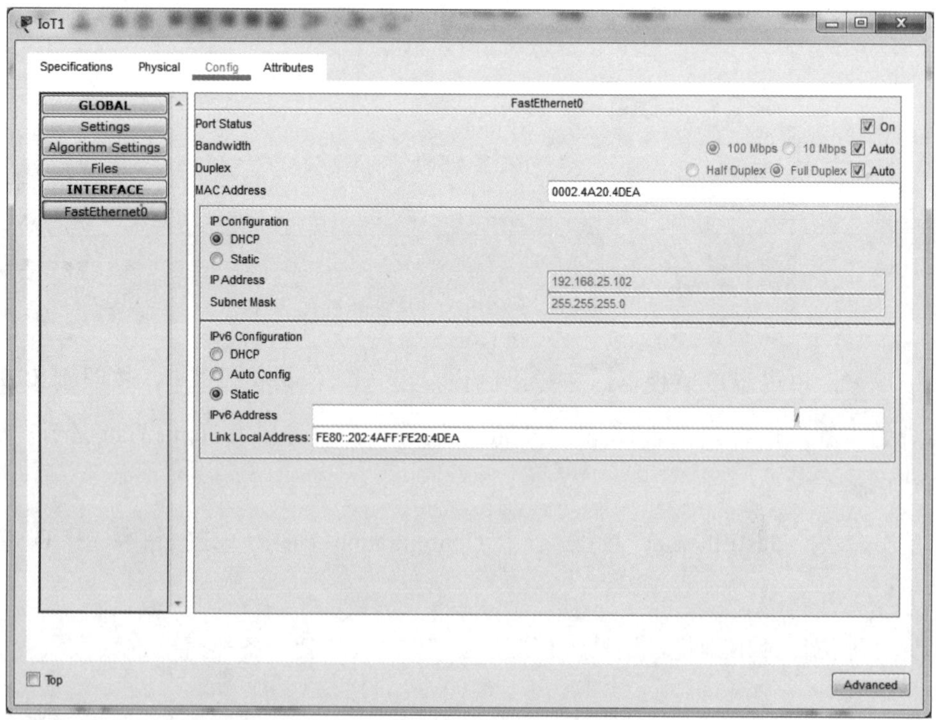

图 1.3.23　设置温度监视器 IP 地址

1.3.4 实现控制

连接完毕之后，可以在中控设备中看到所连接的智能家庭终端设备。

单击 PC 机，打开桌面选项卡。单击右上角浏览器图标打开浏览器。在 URL 栏中输入 http://192.168.25.1/home.html，按回车键，打开浏览器登录界面。输入默认的用户名和口令——admin，登录智能家庭中控设备，可以看到中控设备管理的两台智能终端设备，如图 1.3.24 所示。

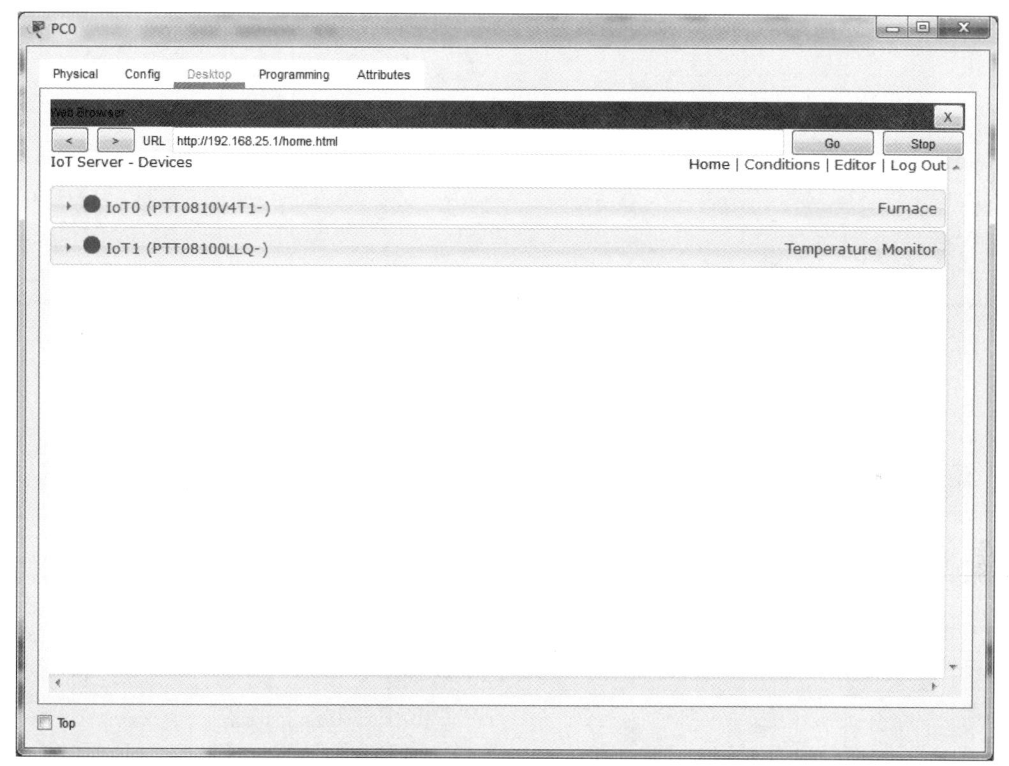

图 1.3.24 家庭网关控制设备列表

现在来添加控制条件，步骤如下：

单击右上角 Conditions，打开控制规则页面，如图 1.3.25 所示。

单击 Add 按钮，弹出添加规则的窗口。在 Name 栏填写规则的名称，例如 R1。

在控制条件中选定条件，当温度监视器检测到温度低于 15℃时，打开取暖炉，如图 1.3.26 所示。

设置完毕后单击 OK 按钮，将这条控制规则添加进规则列表中，如图 1.3.27 所示。

单击 Add 按钮，弹出添加规则的窗口。在 Name 栏中再添加一条名为 R2，待室温高于 25℃时关闭取暖炉的规则，如图 1.3.28 所示。

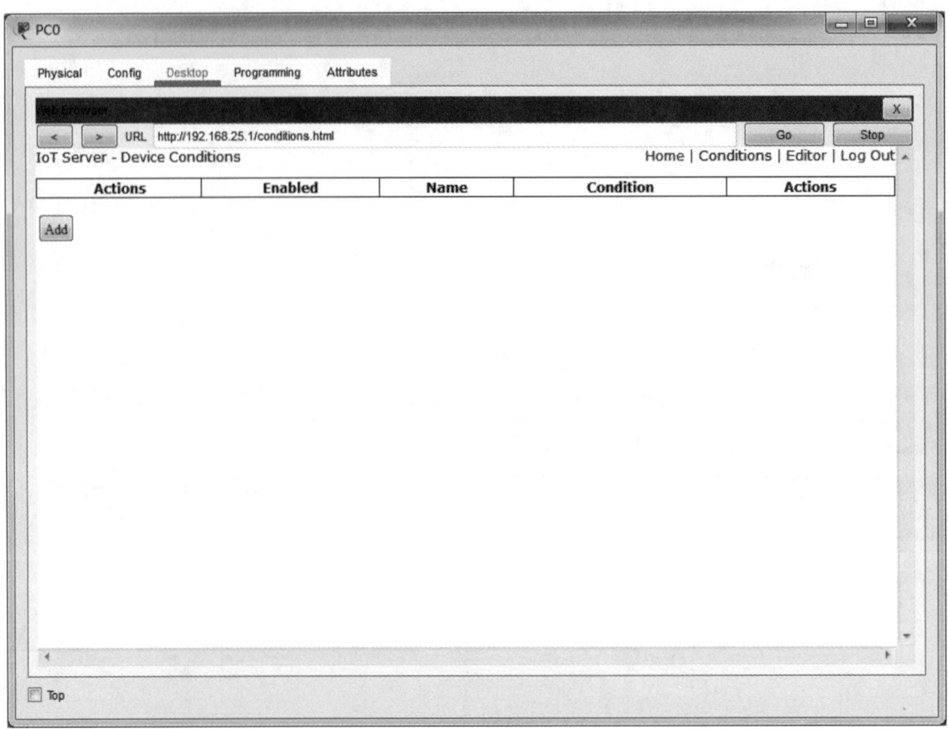

图 1.3.25　控制规则列表页面

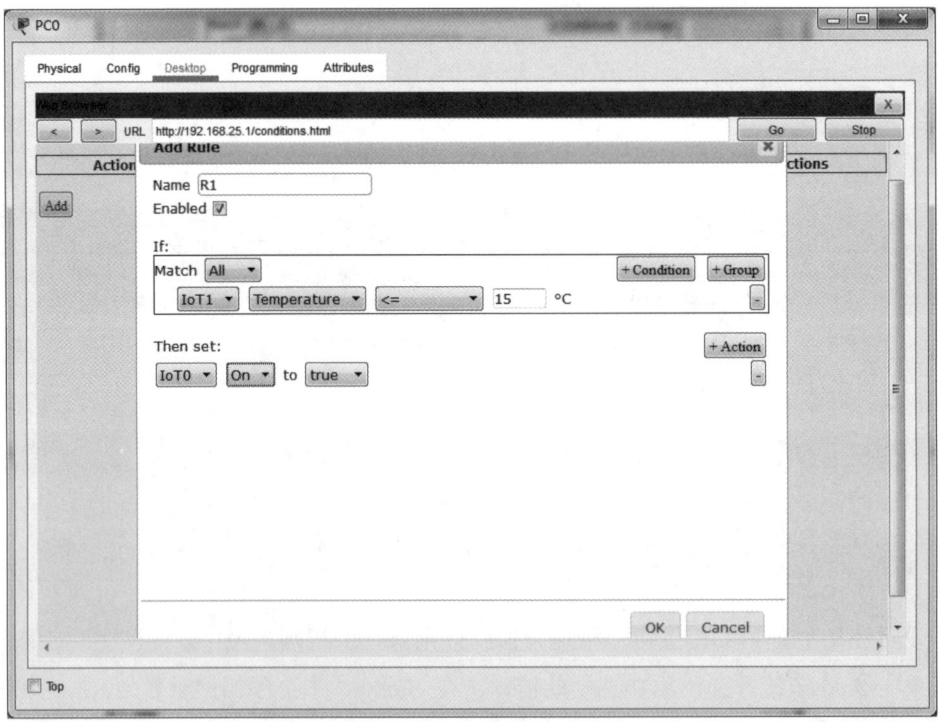

图 1.3.26　添加控制规则 R1

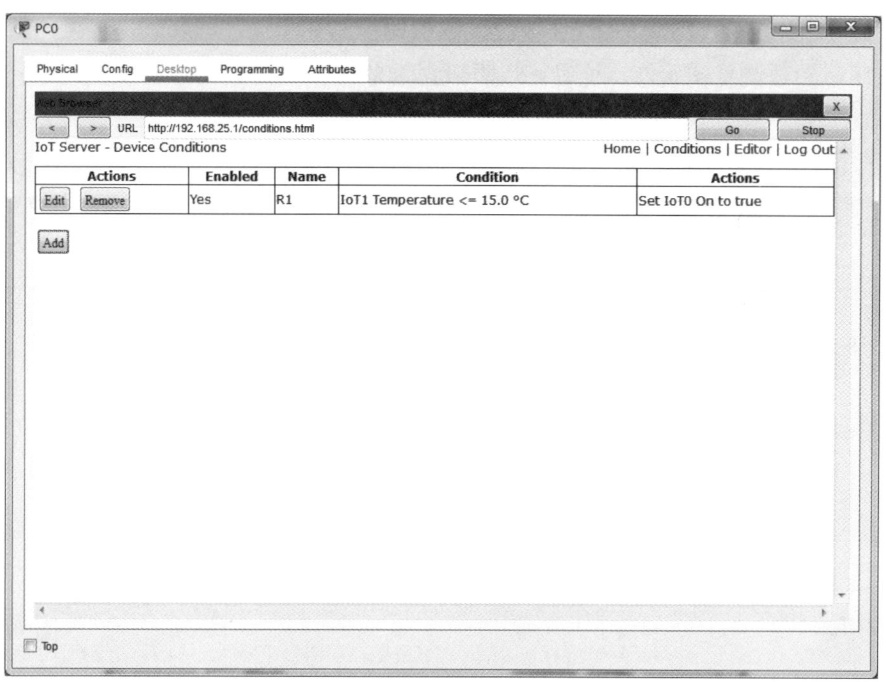

图 1.3.27　控制规则 R1 进入列表

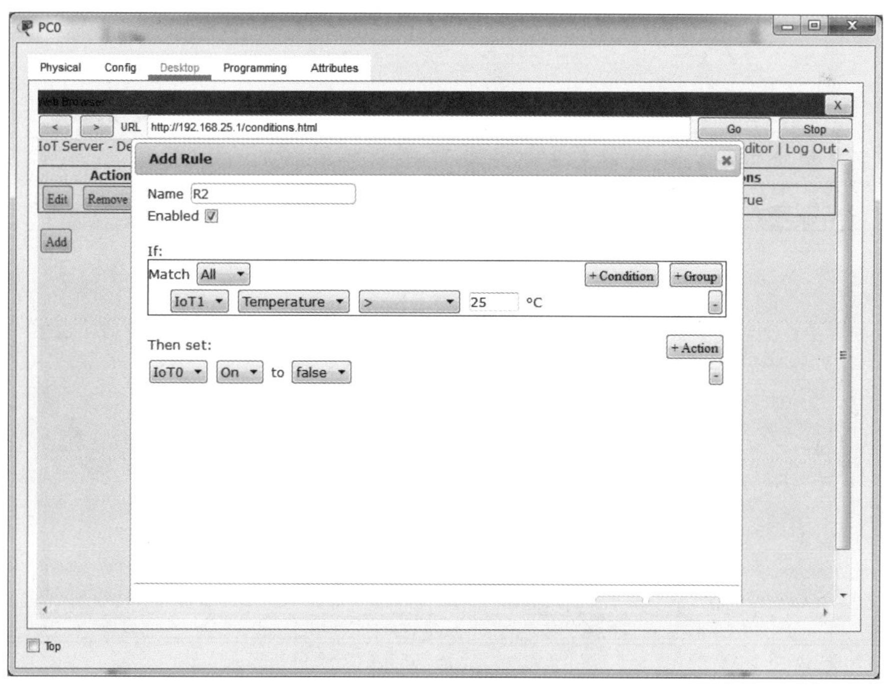

图 1.3.28　添加控制规则 R2

单击 OK 按钮，将规则添加到规则列表中，如图 1.3.29 所示。

接下来可以设置环境条件，本实验可以使用默认的环境条件，并不需要专门设置环境条件。在默认的环境条件下，环境温度的初始值为0。关闭保存该实验，再重新打开，可保证环境参数恢复初始值，这时可以看到温度监视器上读数为0，如图1.3.30所示。

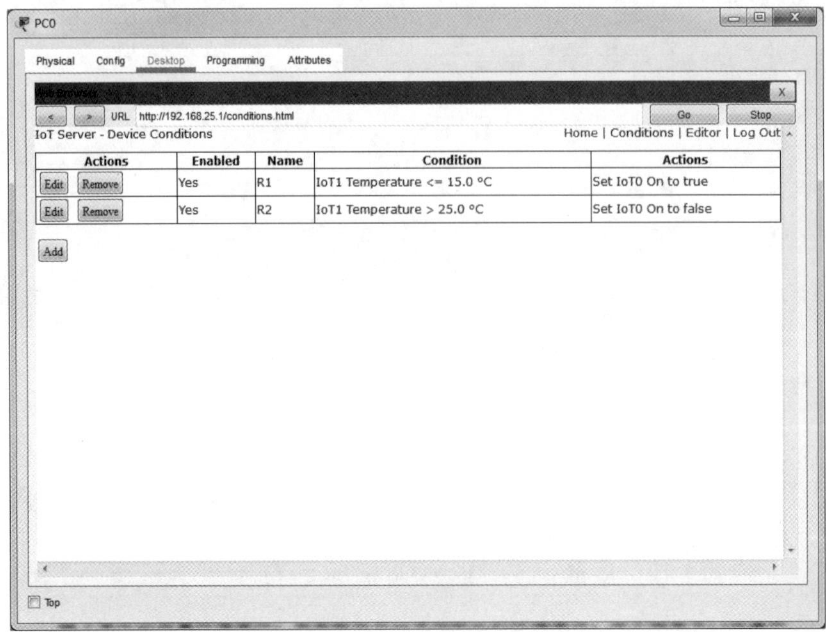

图 1.3.29　控制规则 R2 进入列表

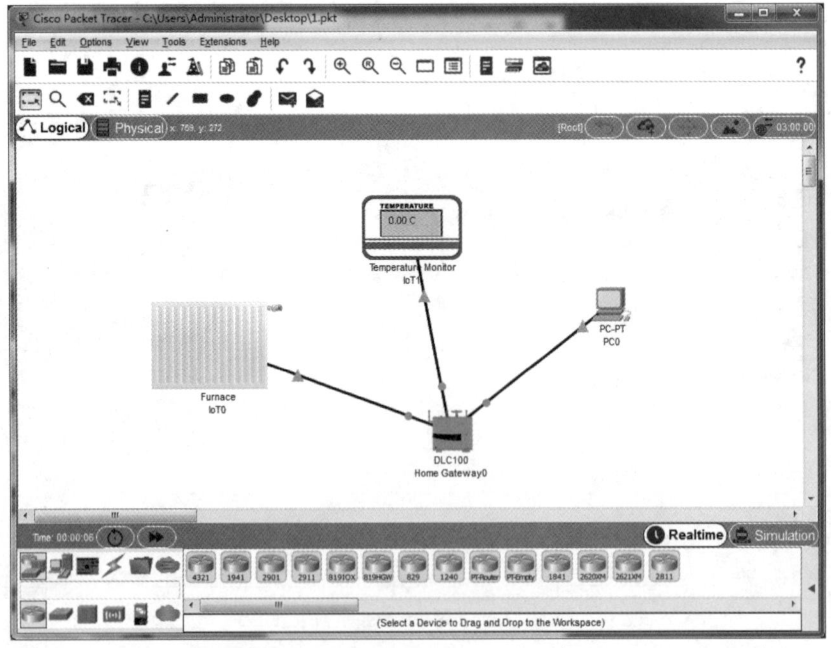

图 1.3.30　温度监视器初始值为 0

随着时间的推移，中控设备完成启动，进入工作状态，这时可以看到，当温度降到 15℃以下时，取暖炉右上部会出现一个红点，表示正在开机运行，如图 1.3.31 所示。

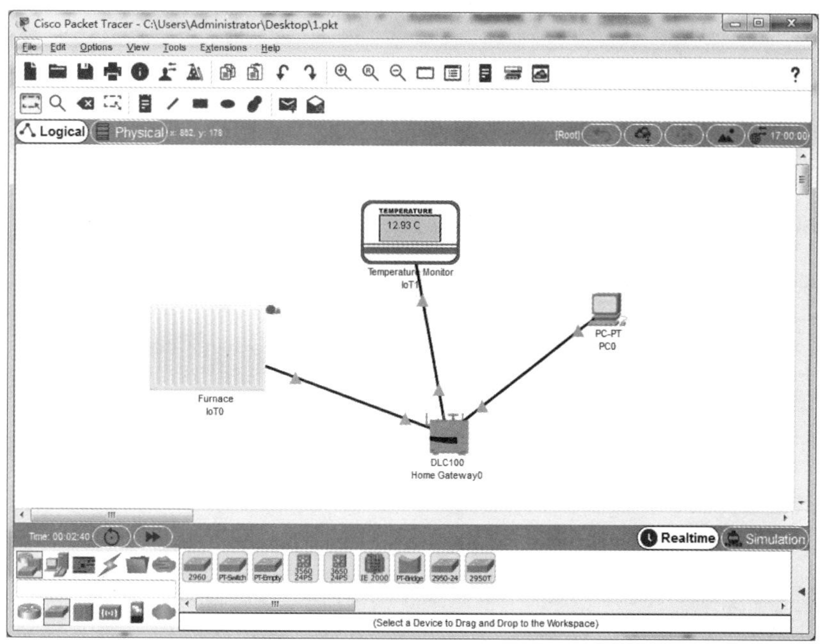

图 1.3.31 取暖炉开机运行

而当温度上升到 25℃以上时，红点消失，表示取暖炉关闭，如图 1.3.32 所示。

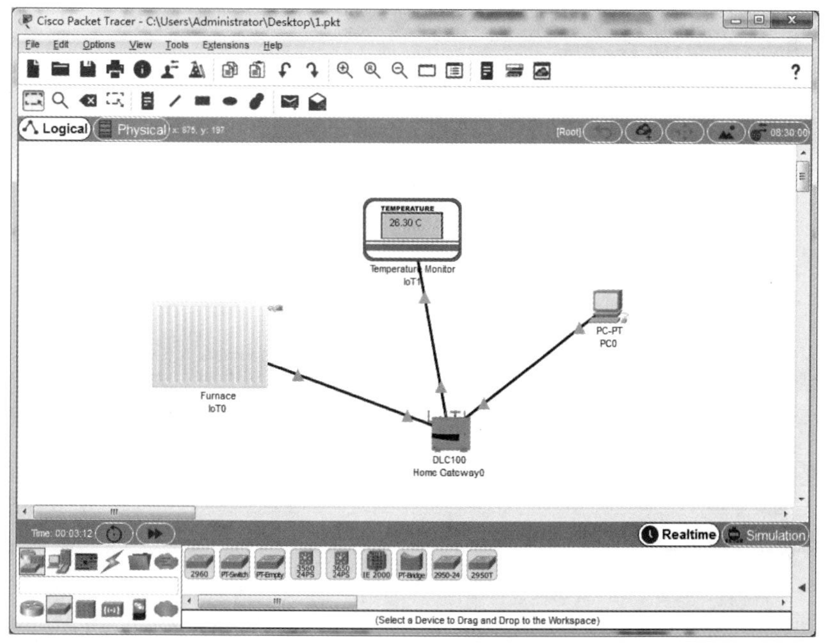

图 1.3.32 取暖炉关闭

模拟器只能通过图像的简单变化，来展示对设备的控制，然而在真实的生活中，智能家居的实现必将令人感受到无与伦比的舒适和方便。

1.3.5 环境设置

Packet Tracer 模拟器支持对所模拟的环境条件根据需要进行设置。例如本节实验中，要预设温度条件，则首先需要确定设备所在的位置。把鼠标指针移到任一设备上方，会出现该设备属性的提示框，最下面一行显示的就是设备 Physical Location 信息，可以看到设备位于 Corporate Office，如图 1.3.33 所示。

```
Port            Link   IP Address          IPv6 Address                    MAC Address
FastEthernet0   Up     192.168.25.102/24   <not set>                       0002.4A20.4DEA

Gateway: 192.168.25.1
DNS Server: 0.0.0.0
Custom Device Model: Temperature Monitor

Physical Location: Intercity, Home City, Corporate Office
```

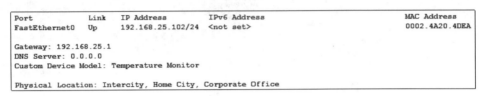

图 1.3.33　Physical Location 信息

单击主界面右上角的 Environment 按钮（15:07:00），打开环境条件编辑对话框。默认的环境 Location 是 Intercity。但我们需要设置的环境是 Corporate Office，所以需要在 Location 下拉菜单中，指定位置为 Corporate Office。选择完成可以看到默认的环境条件参数，如图 1.3.34 所示。

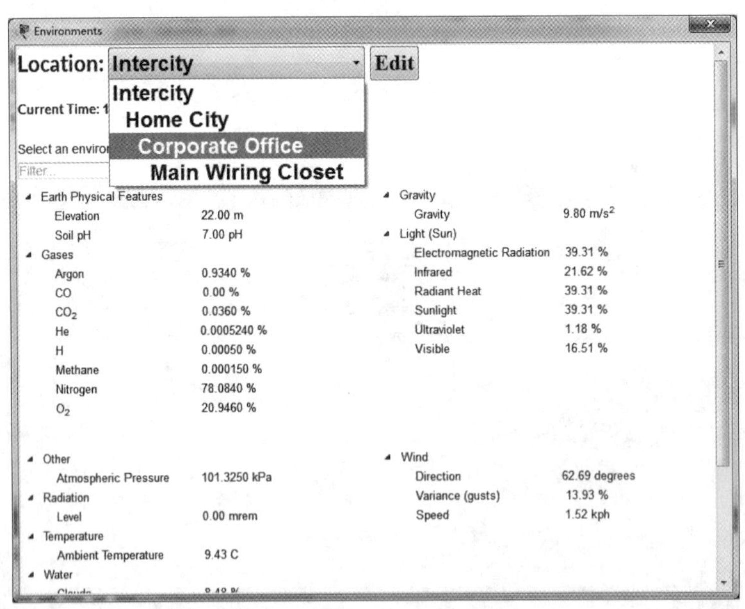

图 1.3.34　选定设备位置

单击 Environment Values 旁边的 Edit 按钮，进入环境参数设置界面，如图 1.3.35 所示。此处可以指定时间比例。例如，可选定真实时间 1 秒等于模拟器中 30 分钟。

单击 Advanced 选项卡，如图 1.3.36 所示。

图 1.3.35　参数设置界面

图 1.3.36　Advanced 选项卡

在下方找到温度 Temperature，单击其最左边的三角形图标，将会看到具体的 Temperature 参数。勾选环境温度 Ambient Temperature 前的复选框，默认的初始温度是 0℃。假设要将这个范围修改为 35℃，直接将 Init Value 值改为 35℃即可，表示将环境温度初始值设置为 35℃，如图 1.3.37 所示。

此时可以看到主界面上温度监视器的读数为 35℃，如图 1.3.38 所示。注意主界面和环境设置是不同的窗口。查看主界面的时候，不需要关闭环境设置界面。单击环境设置界面中的 View Mode 按钮，启用环境温度初始值，如图 1.3.39 所示。

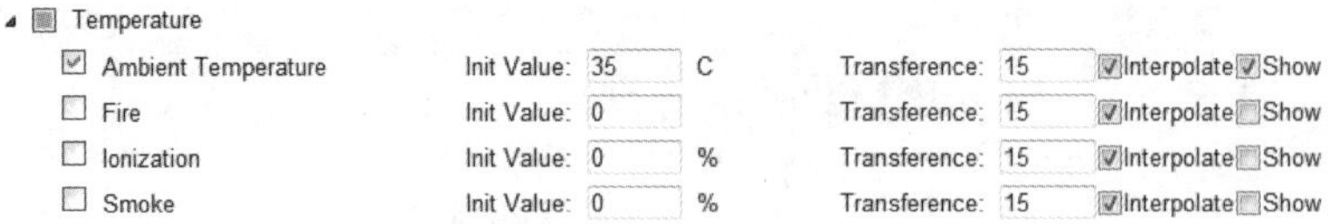

Temperature

☑ Ambient Temperature	Init Value:	35	C	Transference:	15	☑Interpolate ☑Show
☐ Fire	Init Value:	0		Transference:	15	☑Interpolate ☐Show
☐ Ionization	Init Value:	0	%	Transference:	15	☑Interpolate ☐Show
☐ Smoke	Init Value:	0	%	Transference:	15	☑Interpolate ☐Show

图 1.3.37　修改环境温度

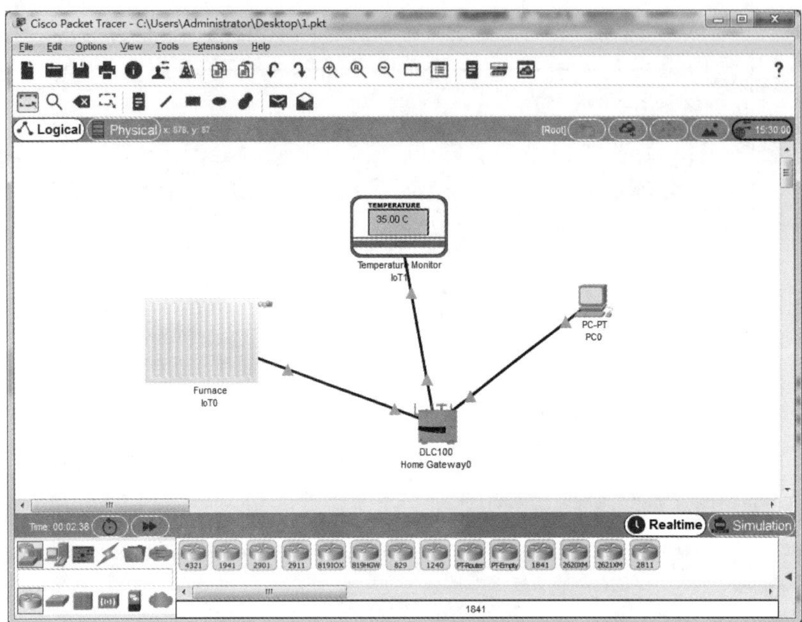

图 1.3.38　环境温度初始值修改为 35℃

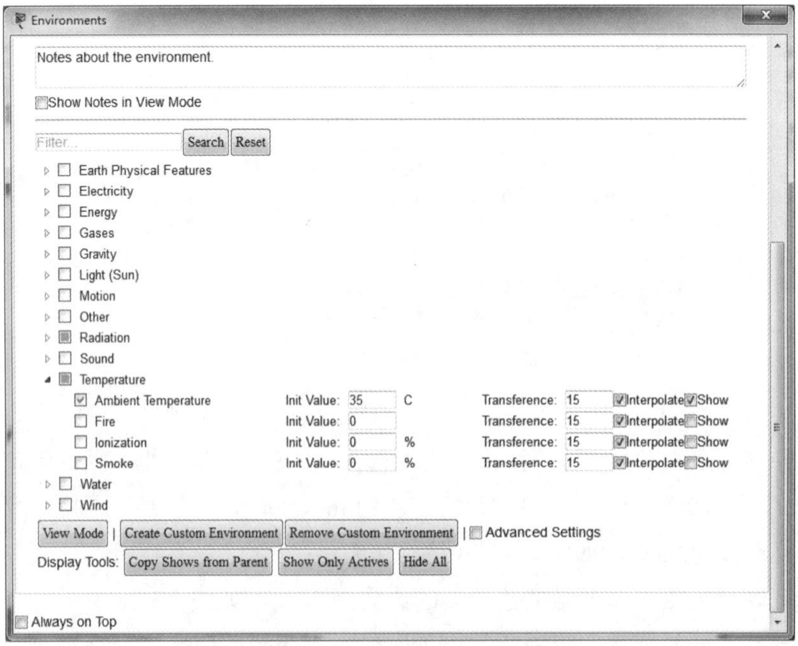

Environments

Notes about the environment.

☐Show Notes in View Mode

Filter... Search Reset

- ☐ Earth Physical Features
- ☐ Electricity
- ☐ Energy
- ☐ Gases
- ☐ Gravity
- ☐ Light (Sun)
- ☐ Motion
- ☐ Other
- ☐ Radiation
- ☐ Sound
- ☐ Temperature

☑ Ambient Temperature	Init Value:	35	C	Transference:	15	☑Interpolate ☑Show
☐ Fire	Init Value:	0		Transference:	15	☑Interpolate ☐Show
☐ Ionization	Init Value:	0	%	Transference:	15	☑Interpolate ☐Show
☐ Smoke	Init Value:	0	%	Transference:	15	☑Interpolate ☐Show

- ☐ Water
- ☐ Wind

View Mode | Create Custom Environment | Remove Custom Environment | ☐ Advanced Settings

Display Tools: Copy Shows from Parent | Show Only Actives | Hide All

☐ Always on Top

图 1.3.39　单击 View Mode 按钮启用环境温度初始值

观察主界面中取暖炉的运行，可以看到随着温度下降到15℃以下，取暖炉开启，而当温度上升到25℃以上，取暖炉自动关闭。

1.4 思考题

1. 描述自己对智能化系统的认识。
2. 根据自己的生活需要，提出哪些元素还可以进行智能化改进，以及如何改进。
3. 熟悉 PT 模拟器的智能化控制设备和界面。
4. 将取暖炉替换成空调，仿照本章实验样例，实现对空调的智能开关控制。

第 2 章
计算机网络基础

通过本章的学习，您能够了解到：

1. 计算机网络的组成和基本工作过程。
2. 如何查询和设置计算机的 IP 地址信息。
3. 如何搭建家庭网络，将各种终端设备以有线或无线的方式连接到家庭网关。

2.1 计算机网络的组成

通信系统是智能化系统最重要的基础设施，计算机网络是智能化通信系统最主要的实现方式，是实现智能化的关键要素之一。

地理位置不同的计算机，通过传输介质和中间设备连接起来，从而实现数据通信和资源共享，这样就组成了计算机网络。一般认为，计算机网络由硬件、软件和协议三大部分组成。

2.1.1 计算机网络硬件

根据在计算机网络中所处的位置和实现的功能，可以把计算机网络硬件分为三类：终端设备、传输介质和中间设备。

1. 终端设备

在计算机网络中，数据的起始源头和最终目的地设备就是终端设备。常见的终端设备有 PC 机、服务器、打印机等。随着计算机网络技术的发展，越来越多的设备连接到计算机网络中，成为终端设备，如手机、监控摄像头、智能空调等。终端设备的共同特点是，都包含连接到计算机网络的接口部件，例如有线或者无线网卡。终端设备负责获取、产生和处理数据，根据接收到的信息实现控制功能。而中间设备和传输介质只负责数据传输，对数据的含义毫不关心。

2. 传输介质

传输介质是数据传输的通道。目前，最常用的传输介质分为两大类：有线介质和无线介质。常见的有线介质是双绞线（Twisted Pair，TP）和光纤，而无线介质则指的是大气层空间。

通常用于网络的双绞线是由 4 对具有绝缘保护层的铜导线组成的。每两根绝缘的铜导线按一定密度互相绞在一起，每一根导线在传输中发射出来的电波会被另一根导线上发出的电波抵消，从而有效地降低信号干扰的程度。目前家用最常见的是第五类非屏蔽双绞线，如图 2.1.1 所示。

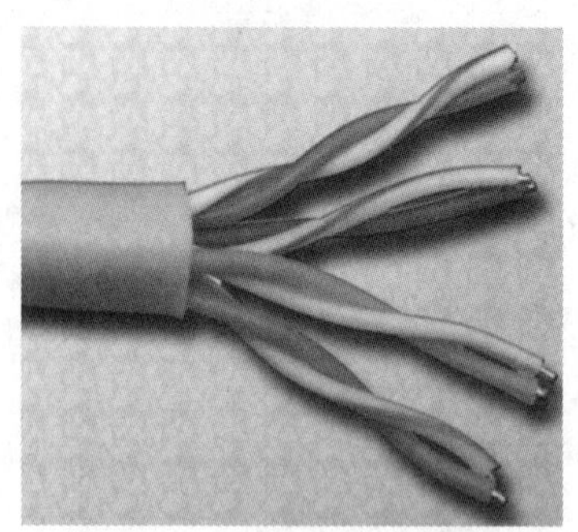

图 2.1.1　第五类非屏蔽双绞线

双绞线的传输距离一般在 100 米左右。其特点是价格便宜，使用灵活，但抗干扰能力差，一般用于室内终端设备的连接。

光纤，是光导纤维的简称，是一种利用光在玻璃或塑料制成的纤维中全反射而实现光的传输的介质。光纤的中央是极细的纤芯，其外面有一层涂层，用于实现全反射。缓冲区、强化材料和表皮用于保护纤芯，使得它能够弯曲而不至于断裂，如图 2.1.2 所示。通常，光纤一端的光源发射装置使用发光二极管（Light Emitting Diode，LED）或激光发射器，将光脉冲传送至光纤，光纤另一端的接收装置使用光敏元件检测光脉冲。由于光在光纤中的传输损耗比电在双绞线中的损耗低得多，传输距离可达 500 米至十几公里甚至几十公里，所以通常光纤被用作长距离的信息传递。光纤传输速度快，抗干扰性强，在网络主干也有较多的应用。

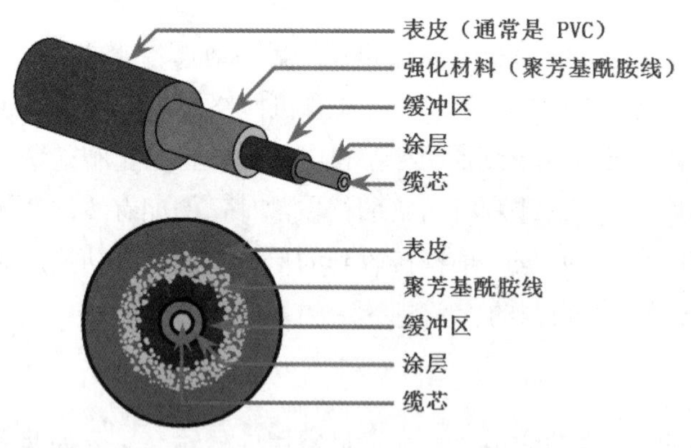

图 2.1.2　光纤介质电缆结构

无线传输可以突破有线网对位置的限制，利用电磁波在大气层传输，实现终端设备之间的通信。智能化系统最常用的无线传输方式有 Wi-Fi、蓝牙、ZigBee。

ZigBee 是基于 IEEE 802.15.4 标准的低功耗局域网协议，它来源于蜜蜂的八字舞。蜜蜂（bee）是通过飞翔和“嗡嗡”（zig）抖动翅膀的“舞蹈”来向同伴传递花粉所在方位信息的，而 ZigBee 协议的方式特点与其类似，所以命名为 ZigBee。ZigBee 主要适用于自动控制和远程控制领域，可以嵌入各种设备，其特点是传播距离近、低功耗、低成本、低数据速率、可自组网、协议简单。

蓝牙协议最初由爱立信公司研发。1999年5月20日，爱立信及几家其他开发商一同发布了蓝牙技术标准。蓝牙技术是一种可使电子设备在10～100m的空间范围内建立网络连接并进行数据传输或者语音通话的无线通信技术。蓝牙的优点是功耗低，传输速率快，建立连接的时间短，稳定性好，安全度高；其缺点是数据传输的大小受限，设备连接的数量少，连接具有独占性。

Wi-Fi（Wireless Fidelity，无线保真技术）是IEEE 802.11的简称，传输速率可高达108Mbps，覆盖范围半径最高可达100m，发射功率不超过100mW，比手机的200mW～1W的发射功率低很多，设备支持度高。但是相比蓝牙和ZigBee，Wi-Fi耗电量较大，一般需要提供电源。

蓝牙、Wi-Fi、ZigBee特性对照见表2.1.1。

表2.1.1　蓝牙、Wi-Fi、ZigBee特性对照表

特性	蓝牙	Wi-Fi	ZigBee
使用频段	2.4GHz	2.4GHz，5GHz	2.4GHz
价格	适中	贵	便宜
传输距离	15米左右	理论100米	75米（可无限远）
功耗	低	高	低
传输速度	24Mbps	最高108Mbps	250Kbps
设备连接能力	7	50	50
安全性	高	低	高
优点	体积小，受用群体广	易实现，受用范围大	可自组网，且是独立网络，几乎不掉线
缺点	连接能力有限，且只允许单一连接	功耗大，体积大	受用范围小，较难普及

3. 中间设备

中间设备用于连接不同类型的网络，组成规模各异的网络，实现不同网络之间的数据传输。常见的中间设备有路由器、交换机等。

常见的家用路由器一般支持有线和无线的连接，用于把家中设备连接起来，形成家庭网络，同时提供外网连接，将家庭网络连接到外部网络，如Internet。但家用路由器的有线接口一般只有4个，提供的有线连接有限。交换机一般不提供无线连接，但具有更多的有线接口，适合较高密度的有线网络。

通常，交换机连接起来的是同一网络，路由器才能将不同的网络连接在一起。

2.1.2 网络协议

计算机网络中，终端设备千差万别，传输介质多种多样，中间设备也是厂商型号众多。要实现数据的传输，必须遵循相同的规则，这就是网络协议。网络协议规定了从信息的表示方法、接口的尺寸大小到差错的鉴别和处理等各种在计算机网络通信中必须共同遵守的规则。这通常不是一个协议能完成的，而是以协议簇的形式存在一系列协议，形成网络模型。

Internet 规定的协议簇是 TCP/IP，也称为 TCP/IP 模型。其中最具代表性、最重要的两个协议是传输控制协议（TCP）和网际协议（IP）。TCP 负责端对端的可靠传输，IP 负责将信息从源网络传送到目的网络。

为了增加兼容性，便于不同厂商的设备互操作，也为了简化协议的工作，TCP/IP 模型将网络协议分成四个层次，不同层次完成不同的功能，下层协议向上层提供服务，上层协议使用下层的服务，彼此之间互不干扰，见表 2.1.2。

表 2.1.2　TCP/IP 模型

层次	功能
应用层	应用层定义了不同主机应用程序之间进行通信必须遵守的规则，为应用程序提供服务。例如 HTTP 协议规定了浏览器与服务器之间实现通信需要遵循的规则。这一层常见的协议非常多，例如 HTTP、DNS、FTP、Telnet、TFTP 等
传输层	传输层负责端到端的传输，常见的协议有传输控制协议（TCP）和用户数据报协议（UDP）。其中，TCP 用于可靠传输，提供了一系列的措施来保证传输的可靠性，但其代价是较低的传输效率；UDP 提供不可靠的传输，但其优点是较高的传输效率。一般来说，对实时性要求比较高的应用，或者对可靠性要求比较低的应用，才选用 UDP
网络层	网络层负责将信息从源网络传送到目的网络。其最主要的两个功能是标识网络和进行路由。这一层最主要的协议是 IP，将在 2.1.3 节详细讲解
网络接入层	网络接入层负责将终端设备接入网络。由于设备千差万别，介质各不相同，因此网络接入层的协议也有很多。例如以太网协议、WLAN 协议等

要接入 Internet 的设备，都必须遵循 TCP/IP。

2.1.3 计算机网络软件

计算机网络软件通常包括计算机网络操作系统和计算机网络应用软件。

1. 计算机网络操作系统

计算机网络操作系统是在计算机网络环境中负责管理计算机网络软、硬件资源，并向用户提供访问和操作界面的系统软件。常见的计算机网络操作系统有 UNIX、Windows 和 Linux 等。UNIX 常用于大型网络网管系统，其优点是安全性高、可靠性强，缺点是操作复杂。Windows 在中小型网络，尤其是用户 PC 终端使用广泛，其特点是操作方便简单，但是安全性和可靠性较差。Linux 是一款免费的操作系统，在智能控制领域使用也较为广泛，其内核是Unix，但界面类似Windows，缺点是支持的应用较少。

2. 计算机网络应用软件

计算机网络应用软件遵循网络协议，实现计算机网络终端设备之间数据通信和资源共享等各种功能。例如浏览器、QQ、各种网络游戏等都是计算机网络应用软件的实例。在智能化系统中，通常根据智能化应用的需要，开发相应的软件。

信息在计算机网络中传输的过程通常都是由源终端设备的计算机网络应用软件遵循相关的网络协议，将信息以比特流的形式发送到传输介质，再经由中间设备，最终传输到目的地终端设备，并被相应的计算机网络应用软件读取和识别的过程。

2.2 IP地址

为了便于信息在计算机网络中的传递，需要有一种机制来标识主机及其所在的网络。IP协议规定了全球统一的地址格式来实现上述功能，这就是IP地址。目前主要在用的IP地址有2个版本，分别为IPv4和IPv6。IPv6地址由128位二进制数组成，可以提供海量的地址空间，是计算机网络发展的必然趋势。然而由于之前的应用主要基于IPv4，并且IPv4通过NAT等方式增加了可连接的主机数量，所以当今使用最为广泛的仍然是IPv4地址，以下简称“IP地址”。

2.2.1 IP地址基本知识

1. IP地址的表示

IP地址是一个32位的二进制数，通常被分隔为4组8位二进制数，每组8位二进制数再转换为相应的十进制数，并将其用“.”分隔开来，称为“点分十进制”表示。

例如，IP地址01100100000001000000010100000110，用点分开之后，成为01100100.00000100.00000101.00000110，再转换为十进制，成为100.4.5.6，这就是常见的IP地址表示法。

由于IP地址的每个十进制数均由8位二进制数转换而来，因此其取值范围就是二进制数00000000到11111111转换为十进制的取值范围，即0～255，所以IP地址的每个十进制数的数值范围为0～255。

2. IP地址的分类

Internet委员会定义了5种IP地址类型以适合不同容量的网络，即A类～E类。

其中A、B、C三类由Internet NIC在全球范围内统一分配，可在Internet上使用。D类用作组播，E类为保留地址。但同时，A、B、C三类IP地址中，每一类IP地址都保留了一个私有IP地址范围，供私有网络内部使用。私有IP不能在Internet上直接使用，见表 2.2.1。

表 2.2.1　IP 地址分类

类别	最大网络数	IP 地址范围	最大主机数	私有 IP 地址范围
A	126	0.0.0.0 ～ 127.255.255.255	16777214	10.0.0.0 ～ 10.255.255.255
B	16384	128.0.0.0 ～ 191.255.255.255	65534	172.16.0.0 ～ 172.31.255.255
C	2097152	192.0.0.0 ～ 223.255.255.255	254	192.168.0.0 ～ 192.168.255.255

IP 地址的作用是标识网络中主机的位置。就像在生活中，如果要写信给一个人，就要知道他（她）的地址，这样邮递员才能把信送到。为了便于计算机处理，将 IP 地址分成网络号和主机号两部分，以便迅速查找目的网络。每个 IP 地址包括两个部分，即网络号和主机号部分。同一局域网上所有主机都具有相同的网络号，而每个主机（包括网络中的工作站、服务器和路由器等）都有一个唯一的主机号。

最初是采用 IP 地址分类来表示其所在的网络的。规定 A 类地址的网络号是其最左边的 8 位二进制数，即点分十进制表示的第一个十进制数。B 类地址的网络号是左边 16 位，C 类地址的网络号是左边 24 位。IP 地址的剩余部分，则为主机号。这被称为有类路由。

例如，10.2.2.1 是一个 A 类 IP 地址，其中，10 是网络号，2.2.1 是主机号。10.0.0.0 是其所在的网络。同理，A 类 IP 地址 10.2.2.2，所在网络也是 10.0.0.0，因此这两个 IP 在同一网络中。

随着网络技术的发展，各种规模的网络不断涌现，采用 IP 地址分类来确定 IP 地址所在的网络已经不足以满足实际的网络需求。为了清晰地表示 IP 地址的网络号和主机号，子网掩码应运而生。规定子网掩码的二进制为 1 的位必须连续，并且统一从左边起排列。子网掩码为 1 的位表示其对应的 IP 地址的网络号部分。

例如，IP 地址 192.168.1.3 和 192.168.1.73，子网掩码都是 255.255.255.192（其对应二进制表示为 11111111.11111111.11111111.11000000，注意为 1 的位必须靠左且连续），在计算 IP 地址的网络号时，需要先将 IP 地址转换为二进制数，再与子网掩码的对应位分别进行二进制与运算。

IP 地址 192.168.1.3，对应掩码 255.255.255.192 的网络号是 192.168.1.0，见表 2.2.2。

表 2.2.2　推算网络号（1）

IP 地址	192.168.1.3
IP 地址二进制表示	11000000.10101000.00000001.00000011
子网掩码	11111111.11111111.11111111.11000000
网络号	11000000.10101000.00000001.00000000
网络号十进制表示	192.168.1.0

同理可推算出 192.168.1.73 所对应的网络号是 192.168.1.64，见表 2.2.3 所示。

表 2.2.3 推算网络号（2）

IP 地址	192.168.1.73
IP 地址二进制表示	11000000.10101000.00000001.01001001
子网掩码	11111111.11111111.11111111.11000000
网络号	11000000.10101000.00000001.01000000
网络号十进制表示	192.168.1.64

由此可知，当掩码是 255.255.255.192 时，IP 地址 192.168.1.3 和 192.168.1.73 不在同一网络中。当 IP 地址不在同一网络中时，不能直接通信。

3. 特殊 IP 地址

除了私有 IP 不能在 Internet 上直接使用外，还有一些特殊 IP 也不能用于 Internet 上表示主机。

每一个字节都为 0 的地址，即 0.0.0.0，对应于当前主机。

IP 地址中的每一个字节都为 1 的 IP 地址，即 255.255.255.255，是当前子网的广播地址。

IP 地址中凡是以 11110 开头的 E 类 IP 地址都保留，用于将来和实验使用。

IP 地址中不能以十进制 127 作为开头，该类地址中 127.0.0.1 到 127.255.255.255 用于回路测试，如：127.0.0.1 可以代表本机 IP 地址，用 http://127.0.0.1 就可以测试本机中配置的 Web 服务器。

2.2.2 IP 地址的配置

1. 查询本机 IP 地址信息

单击“开始”→“运行”→ cmd，打开 Windows 命令提示符窗口，输入 ipconfig /all 命令，就可以查询本机的 IP 地址，以及子网掩码、网关、物理地址（Mac 地址）、DNS 等详细情况，如图 2.2.1 所示。

图中可以看到本机的 IPv6 本地链路地址，以及 IPv4 地址。虽然 IPv4 地址仍在使用，但绝大多数操作系统已经支持 IPv6，并且已经形成一些 IPv4 向 IPv6 过渡的方案，有兴趣的读者可以参阅相关资料。

在图 2.2.1 中，本机的 IPv4 地址为 192.168.101.4，本机的默认网关为 192.168.101.1，DNS 服务器为 192.168.101.1。本机的 IP 地址与默认网关必须在同一个 IP 地址段，但 DNS 服务器没有这个要求。

2．IP 地址设置

设置本机 IP 地址的步骤是：打开本机控制面板，找到“网络和共享中心”，并单击打开，如图 2.2.2 所示。

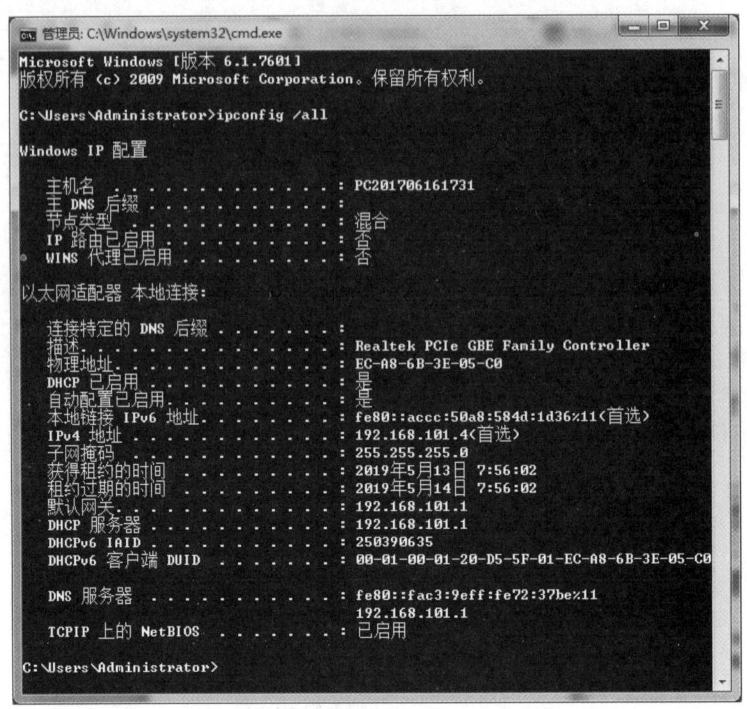

图 2.2.1　ipconfig /all 命令

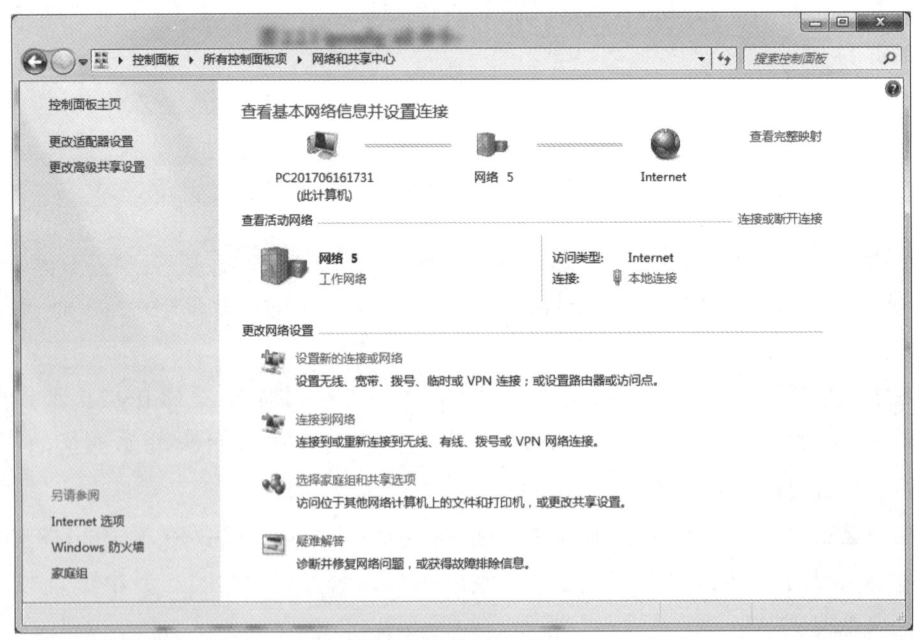

图 2.2.2　网络和共享中心

单击“更改适配器设置”，打开网络连接窗口。双击“本地连接”图标，在打开的对话框中单击“属性”按钮，打开本地连接属性对话框，如图 2.2.3 所示。

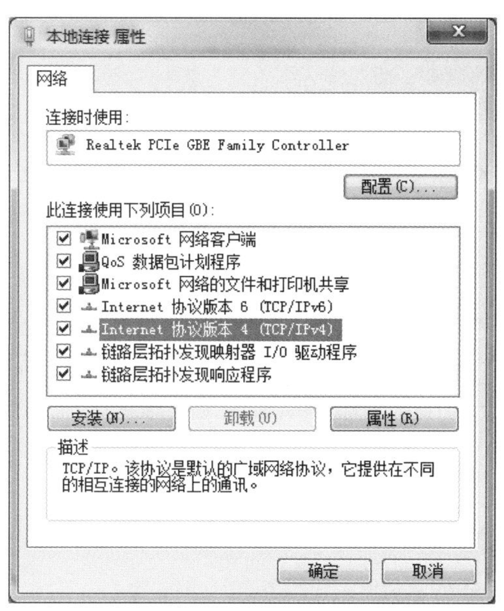

图 2.2.3 本地连接属性对话框

选择“Internet 协议版本 4（TCP/IPv4）”，打开“Internet 协议版本 4（TCP/IPv4）属性”对话框。在这里可以选择“使用下面的 IP 地址”来手动设置本地 IP 信息，也可以选择“自动获得 IP 地址”，将本机 IP 地址设置为自动获取方式。不过这就需要局域网中有一个 DNS 服务器，向本机提供 IP 地址，如图 2.2.4 所示。

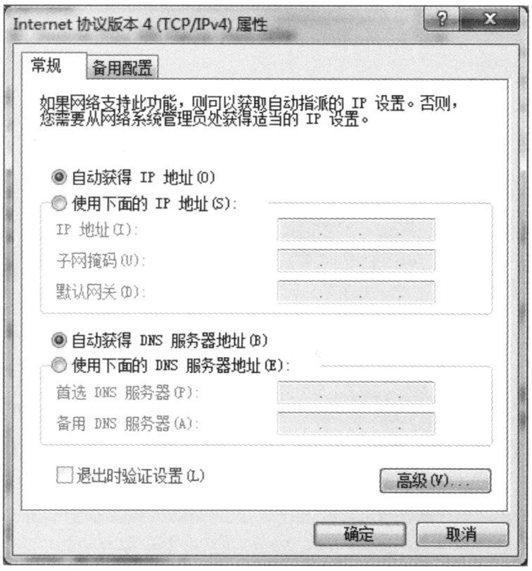

图 2.2.4 IP 地址设置

如果选择“使用下面的 IP 地址”，就是通过手动的方式设置 IP 地址、子网掩码、默认网关和 DNS 服务器。默认网关是本地网络通往其他网络的出口，DNS 服务器为本机提供域名解析功能。默认网关和 DNS 服务器的信息可由 ISP 处获得。

2.3 家庭网络组建

本节通过一个实验来完成家庭网络的组建。简单来说，就是将家庭网络终端通过有线或无线的传输介质，连接到家用无线路由器或家庭网关，进行相应的配置，实现家庭网络终端之间的通信。

常见的家庭网络终端设备有 PC 机、笔记本电脑等，常见的家庭网络连接设备有家用路由器和家庭网关等。由于家庭网关具有对智能家居终端设备进行中央控制的功能，因此在本节中，没有使用家用路由器，而是使用家庭网关来搭建家庭网络。

2.3.1 添加设备

打开 PT 7.2.1 模拟器，选中第一个设备大类——网络设备，在其中选择无线设备，将右边下部的 Home Gateway 拖到模拟器界面中央。

然后选中第二个设备大类——终端设备，就在默认的终端设备分类中，将 PC 机和笔记本电脑各拖一台到模拟器界面中央，如图 2.3.1 所示。

图 2.3.1　添加家庭网络设备

2.3.2 建立有线连接

Home Gateway 和家用路由器相似，都是把家庭网络连接到 Internet 的设备，所以两者都会有 Internet 接口和 Ethernet 接口，其中 Internet 接口显然是用于连接到

Internet。因此，当家庭网络向外连接时才使用这个接口，家庭网络的内部互联，不能使用这个接口。

在模拟器界面左下部选中连接线大类，选择直通双绞线（Copper Straight-Through），单击 Home Gateway，在弹出的对话框中选择 Ethernet 1，再单击 PC0，将网线的另一端连接到 PC0 的 FastEthernet 0 接口。等待片刻，连接线的两端指示灯都变成绿色，表示线缆连接正确。设置完了 IP 地址，才能使两台设备真正连通。

Home Gateway 和家用路由器都支持 DHCP 服务，允许连接到它们的设备通过 DHCP 方式自动获取 IP 地址。

单击 PC0，打开 Desktop 选项卡。单击左上角的 IP Configuration 图标，进入 IP 地址设置界面。选择 DHCP 单选按钮，稍待片刻，可以看到获取的 IP 地址，如图 2.3.2 所示。

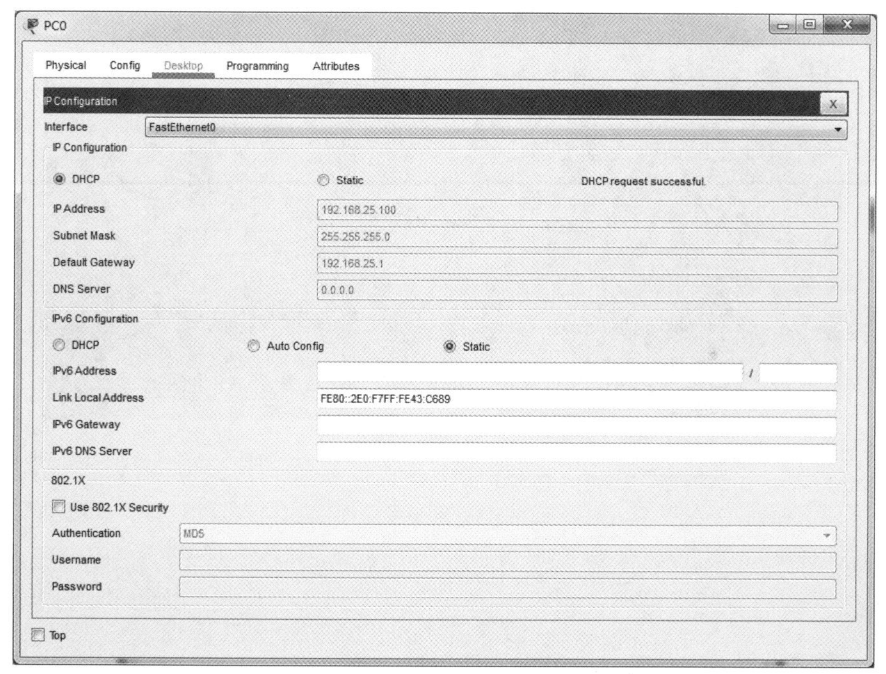

图 2.3.2 IP 地址设置界面

Home Gateway 默认的 IP 地址是 192.168.25.100，掩码是 255.255.255.0。因此，获取的 IP 地址应该与其在同一网段，范围在 192.168.25.1 ～ 192.168.25.254 之间。

默认网关是 Home Gateway 的 IP 地址，表示所有的数据包都需要通过 Home Gateway 才能传到 Internet。

关闭 IP Configuration 界面，回到 PC 机 Desktop 选项卡。

IP 地址设置好后，需要测试 PC 机到 Home Gateway 的网络连通性。最常用的连通性测试工具是 Ping。

Ping 是 Windows 支持的一个命令，其原理是：利用网络上机器 IP 地址的唯一性，给目标 IP 地址发送一个数据包，再要求对方返回一个同样大小的数据包来确定两台网络机器是否连通，时延是多少。

单击右上第二个图标 Command Prompt，进入 PC 机的命令行界面。

在命令行中输入 Ping 192.168.25.1，查看命令的执行情况。PC 机一共发出去 4 个数据包，从 Home Gateway 收到 4 个回复。这表明，从 PC 到 Home Gateway 的有线连接建立完毕，如图 2.3.3 所示。

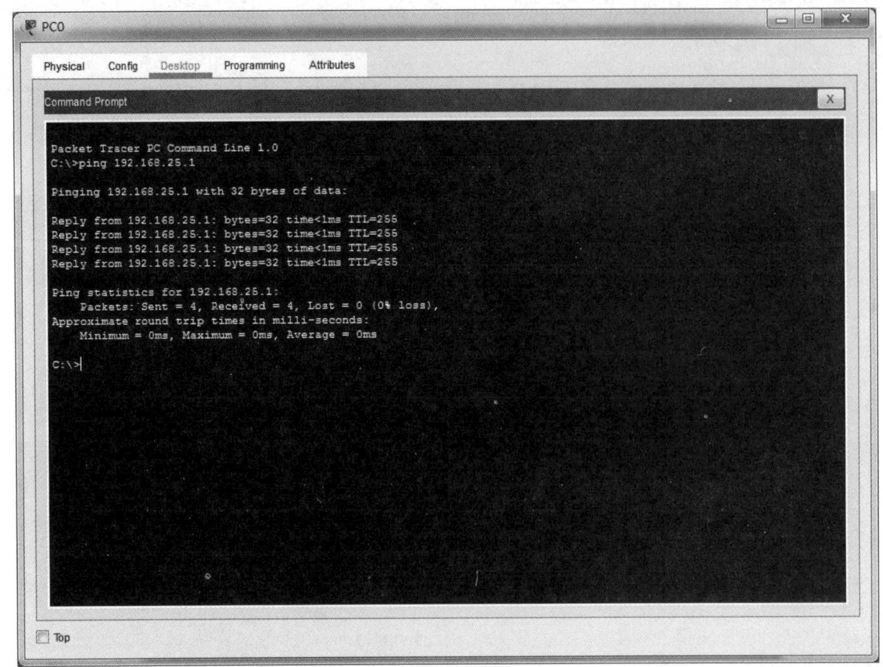

图 2.3.3　Ping 命令图

2.3.3　建立无线连接

首先需要设置 Home Gateway0 的无线属性。

单击 Home Gateway0，在弹出的窗口中选择 Config 选项卡。单击左边的 Wireless 按钮，进入无线参数设置界面。

通常需要设置的无线参数是 SSID，即搜索无线网络的时候，查看无线网络的 ID 号。此外，还需要设置密码，如图 2.3.4 所示。

在无线设置界面中的 SSID 栏，可以看到默认的 SSID 是 HomeGateway，输入要设置的 SSID 号：Myhome。

在 Authentication 下方的单选框中选择 WPA2-PSK，这是目前最安全的加密方式。在 PSK Pass Phrase 栏中输入 8 ～ 63 位密码，这里输入的密码为 12345678。这样 Home Gateway0 端的无线连接设置完毕，如图 2.3.5 所示。

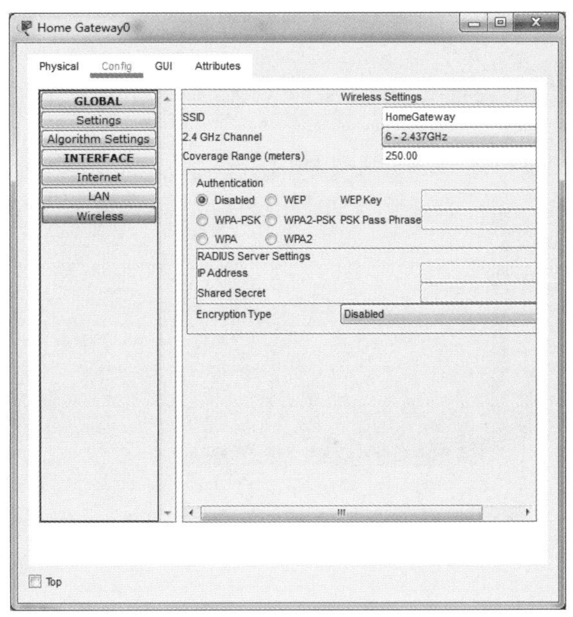

图 2.3.4 无线设置界面

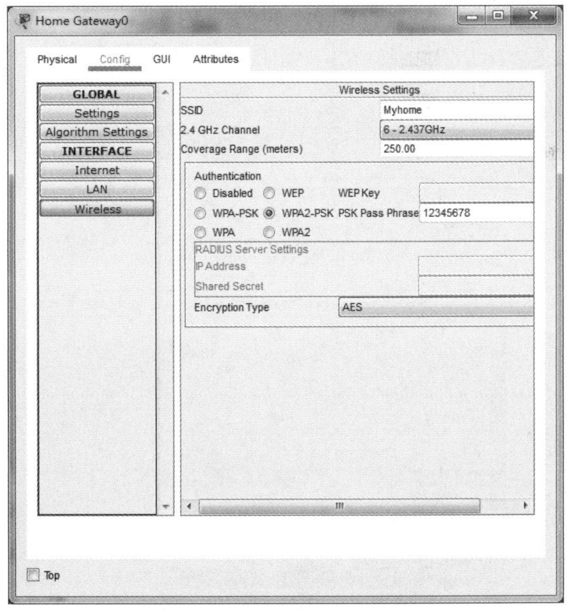

图 2.3.5 配置无线连接

在笔记本电脑（Laptop）端，首先需要查看是否存在无线网卡。

单击笔记本电脑，打开 Physical 选项卡，查看笔记本的外观。可以看到笔记本电脑侧面有一个网线插孔，这表明笔记本上安装的是有线网卡。要实现无线连接，首先需要把有线网卡换成无线网卡，如图 2.3.6 所示。

和在真实生活中的操作一样，更换网卡首先要关闭电源。单击侧面绿色指示灯上方的开关按钮，这时绿色指示灯熄灭，表示电源关闭。

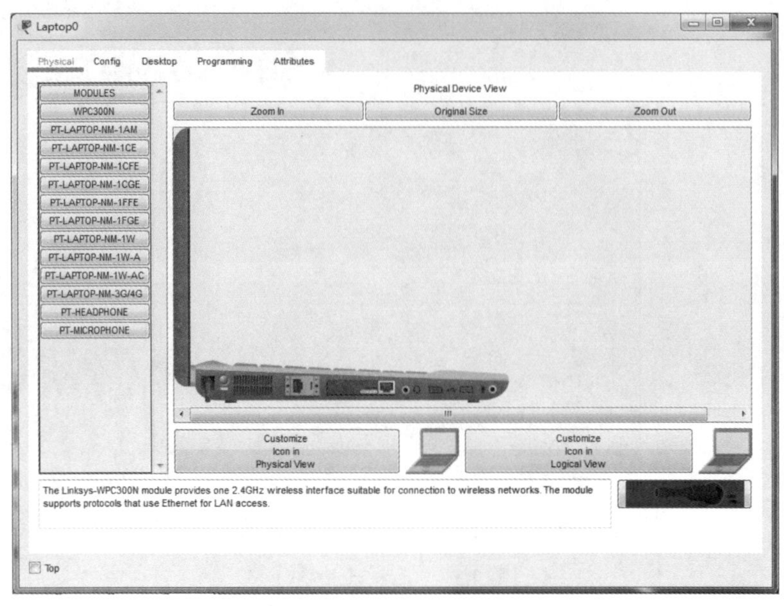

图 2.3.6　笔记本物理设置界面 1

将鼠标指针移到右边的网卡插孔处，按下并拖到界面右下角黑色长方形方框处。这个位置目前显示有一个无线网卡。这时原有线网卡位置变成一个空的黑色方框，表示已经卸下有线网卡，如图 2.3.7 所示。

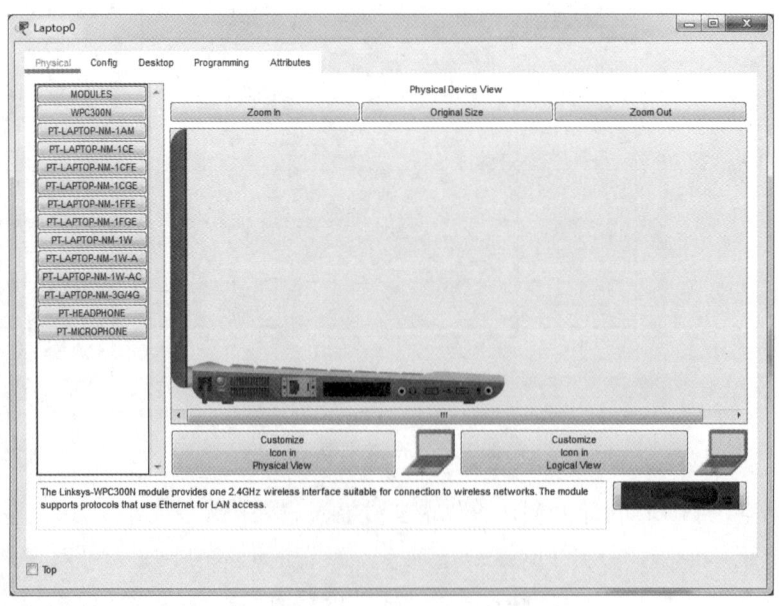

图 2.3.7　笔记本物理设置界面 2

事实上，右下角的黑色方框是一个无线网卡，可以看到其上有一根黑色的天线。

将其拖放到空出来的有线网卡的位置，开启电源，无线网卡就安装成功了，如图 2.3.8 所示。

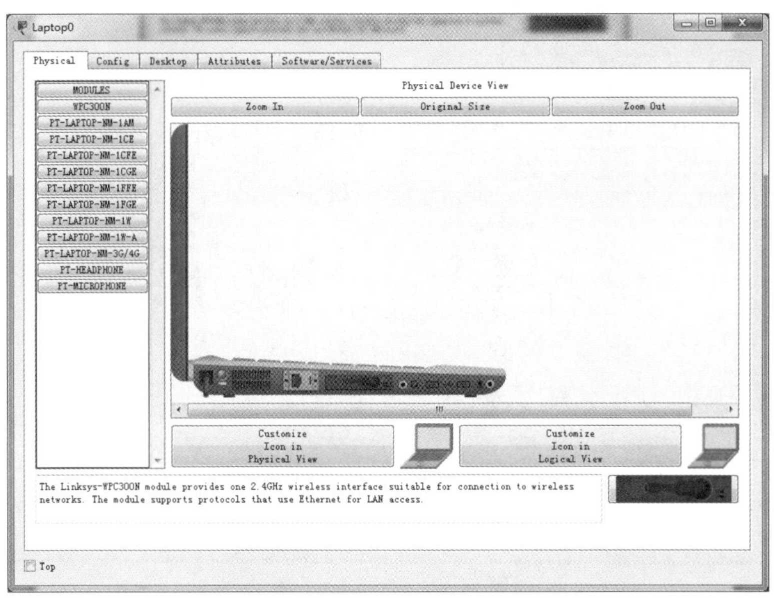

图 2.3.8　笔记本物理设置界面 3

这时单击 Desktop 选项卡，打开笔记本电脑的桌面，如图 2.3.9 所示。

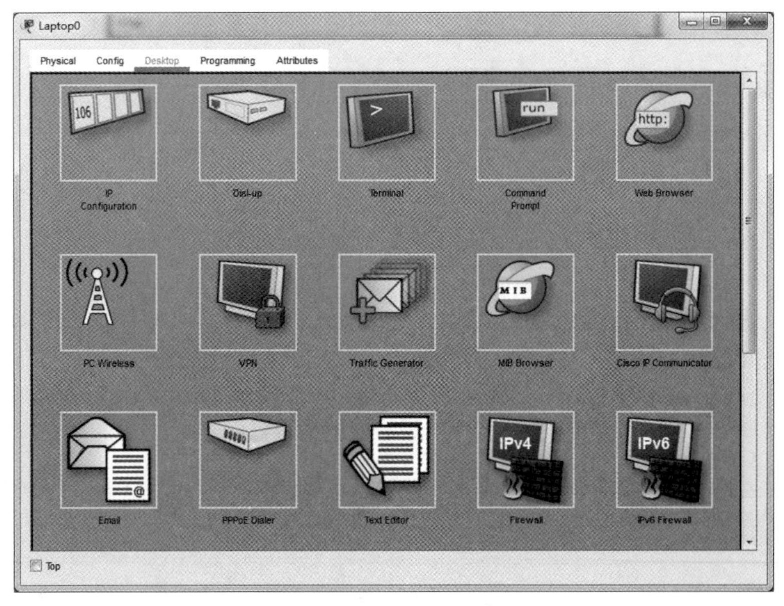

图 2.3.9　笔记本桌面设置界面

第二排左边第一个图标，是笔记本无线参数设置。单击这个图标，打开笔记本无线参数设置界面。单击中间的 Connect 选项卡，如图 2.3.10 所示。

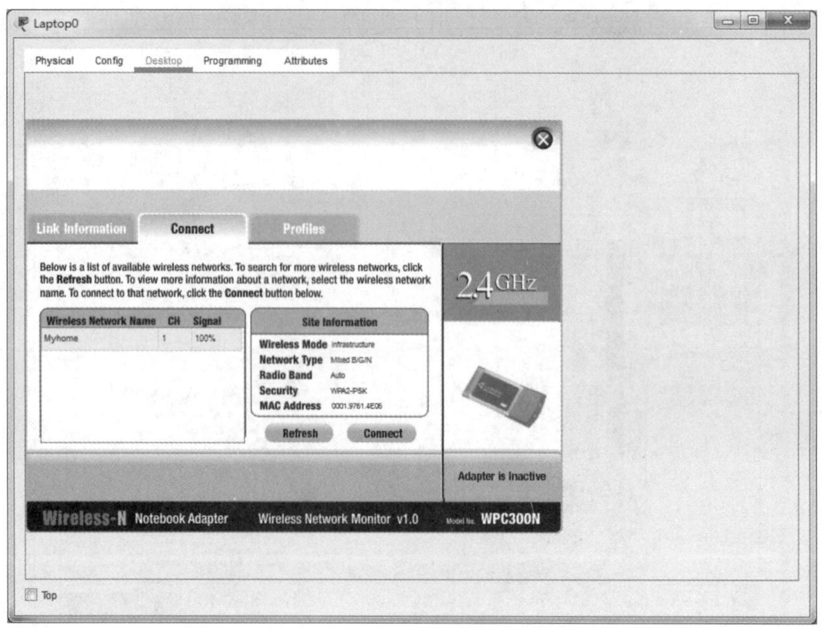

图 2.3.10　笔记本连接无线网络界面

等待片刻，在左边的列表框中会出现扫描到的无线网络 ID 号：My home。

单击 Connect 按钮，在弹出的对话框中输入刚才设置的密码：12345678，如图 2.3.11 所示。

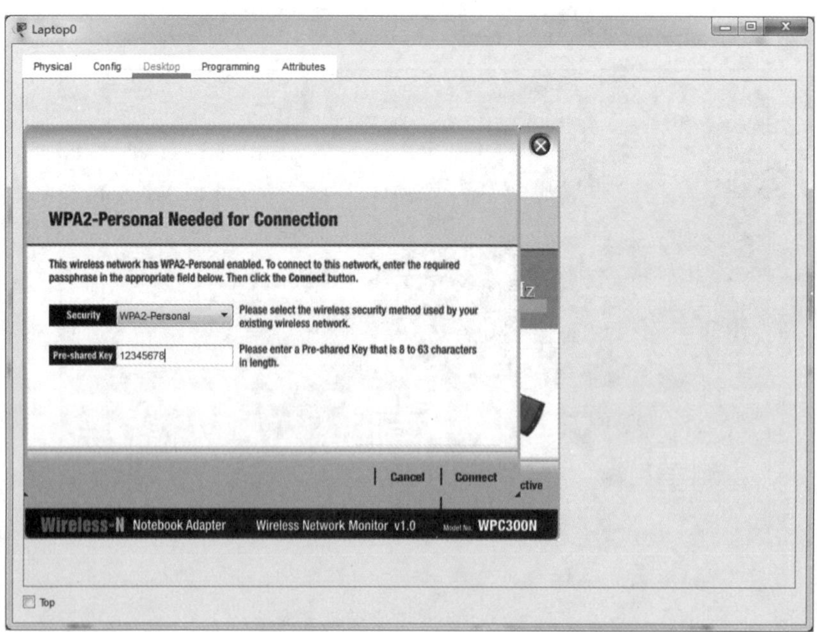

图 2.3.11　输入 SSID 和密码

单击 Connect 按钮，这时可以看到 Laptop0 和 Home Gateway0 之间出现了虚线连接，表示无线连接建立成功，如图 2.3.12 所示。

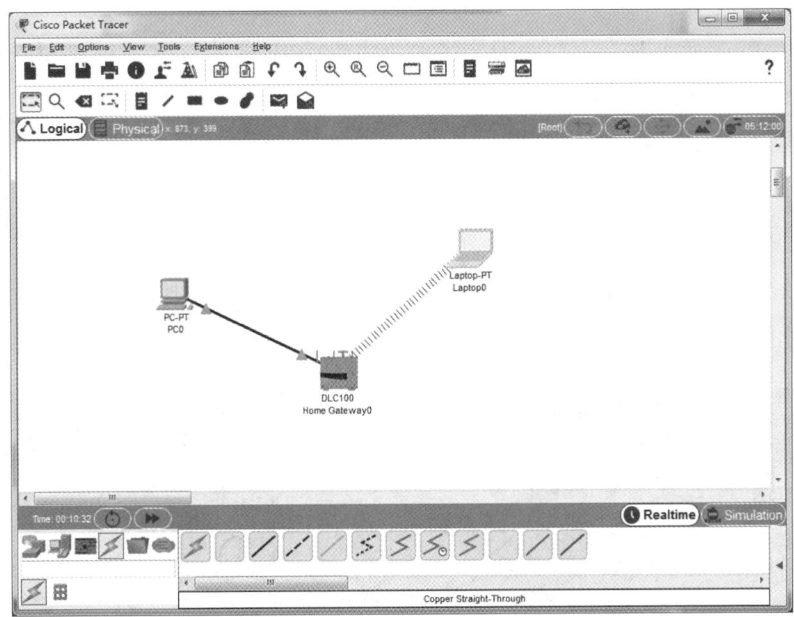

图 2.3.12 笔记本连接到无线网关

接下来测试 Laptop0 到 Home Gateway0 的网络连通性。

回到笔记本桌面，打开 Command Prompt 界面，在命令行中输入 Ping 192.168.25.1，查看响应情况。发现网络连接建立成功，如图 2.3.13 所示。

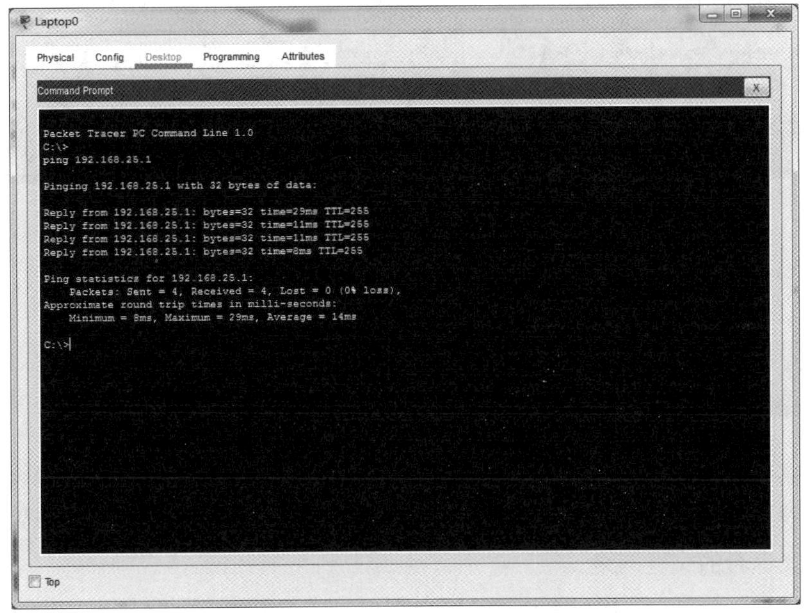

图 2.3.13 笔记本 Ping 网关示意图

2.3.4 测试连通性

使用 Ping 命令测试 PC 机到笔记本电脑的连通性。

在使用 Ping 命令时，需要明确知道对方主机的 IP 地址。由于 PC 机和笔记本电脑都是采用 DHCP 方式自动获取 IP 地址，因此，需要查看 IP 地址。

在笔记本电脑的 Command Prompt 界面，输入 ipconfig 命令，查看笔记本的 IP 地址，如图 2.3.14 所示，可以看到笔记本电脑的 IP 地址为 192.168.25.101。单击 PC 机，打开 Desktop 选项卡。

单击 Command Prompt 图标进入命令行界面，在 PC 机的命令行中输入命令：Ping 192.168.25.101，测试PC机到笔记本电脑的网络连通性，查看响应情况，如图2.3.15 所示。

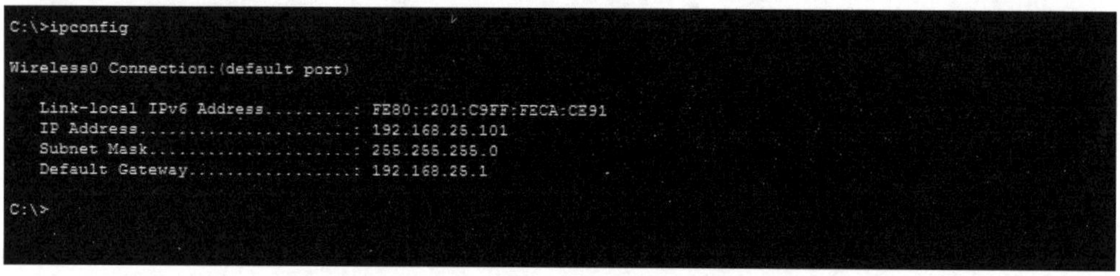

```
C:\>ipconfig

Wireless0 Connection:(default port)

   Link-local IPv6 Address.........: FE80::201:C9FF:FECA:CE91
   IP Address......................: 192.168.25.101
   Subnet Mask.....................: 255.255.255.0
   Default Gateway.................: 192.168.25.1

C:\>
```

图 2.3.14 Command Prompt 界面

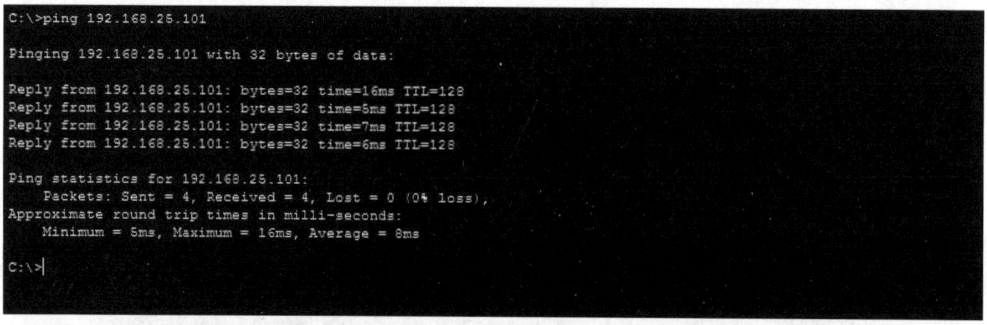

```
C:\>ping 192.168.25.101

Pinging 192.168.25.101 with 32 bytes of data:

Reply from 192.168.25.101: bytes=32 time=16ms TTL=128
Reply from 192.168.25.101: bytes=32 time=5ms TTL=128
Reply from 192.168.25.101: bytes=32 time=7ms TTL=128
Reply from 192.168.25.101: bytes=32 time=6ms TTL=128

Ping statistics for 192.168.25.101:
    Packets: Sent = 4, Received = 4, Lost = 0 (0% loss),
Approximate round trip times in milli-seconds:
    Minimum = 5ms, Maximum = 16ms, Average = 8ms

C:\>
```

图 2.3.15 命令行界面

发现得到了正确的响应，这表明整个网络能够正常连通，家庭网络建立完毕。

2.4 思考题

1．在 2.3 节中，建立了一个家庭网络，但其实家庭网络最常用的连接设备是无线路由器。参照 2.3 节中的步骤，将家庭网关换成无线路由器，试建立一个简单的有线和无线方式综合的家庭网络。

2．分析在家庭网络中容易出现的安全隐患，应该采取哪些措施来应对？

第 3 章
感知与控制

学习目标：

通过本章的学习，您能够了解到：

1. 感知的概念，传感器的基本知识。
2. 开环和闭环的概念。
3. 如何使用 Packet Tracer 模拟器实现简单的控制功能。

3.1 感知的概念

智能化系统需要根据一系列预先设定的条件执行相应的操作，从而达到一定的控制目标。系统如何得知是否满足了预先设定的条件？如何实现控制？这就需要数据获取系统和控制系统协同工作。数据获取系统的核心就是感知，而控制系统的核心就是控制。

在智能化系统中，感知就是客观事物或行为通过相应的设备被智能化系统识别的过程。从本质上说，感知就是信息的一种传递。智能化系统的智能处理中心依据感知过程获取的信息来决定应该采取的操作。

3.1.1 传感器基本知识

传感器（Sensor）如图 3.1.1 所示，是实现感知的关键部件。事实上传感器是一种检测装置，能感受到被测量的信息，并能将感受到的信息按一定规律变换成为电信号或其他所需形式的信息输出，以满足信息的传输、处理、存储、显示、记录和控制等要求。传感器的存在和发展让物体有了触觉、味觉和嗅觉等感官，让物体慢慢变得活了起来，使得智能化系统有了建设和发展的基础。

通常根据传感器的基本感知功能分为热敏元件、光敏元件、气敏元件、力敏元件、磁敏元件、湿敏元件、声敏元件、放射线敏感元件、色敏元件和味敏元件十大类。

图 3.1.1 传感器

1. 传感器的组成

传感器一般由敏感部件和转换部件两大组成部分，如图 3.1.2 所示。

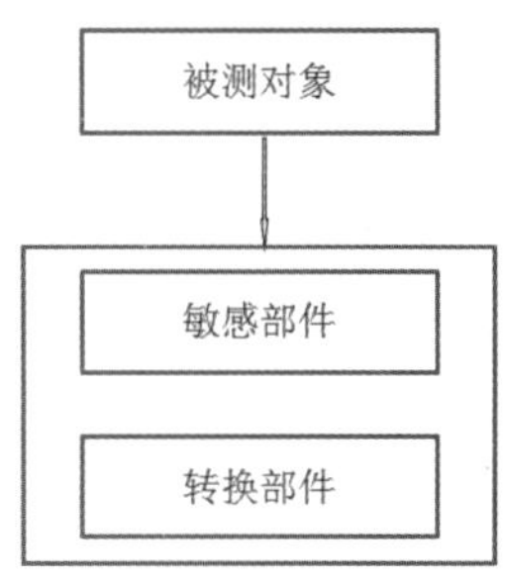

图 3.1.2 传感器的组成

敏感部件是直接感受被测对象的量值，并输出与被测量有确定关系的物理量信号。转换部件将敏感部件输出的物理量信号转换为系统能够识别的电信号。在转换过程中，根据需要还会对输出的电信号进行放大调制，这个过程一般需要辅助电源供电。

现代传感器在原理与结构上千差万别，如何根据具体的测量目的、测量对象以及测量环境合理地选用传感器，是在进行某个量的测量时首先要解决的问题。当传感器确定之后，与之相配套的测量方法和测量设备也就可以确定了。测量结果的成败，在很大程度上取决于传感器的选用是否合理。

2. 传感器的选用

（1）根据测量对象与测量环境确定传感器的类型。要进行一个具体的测量工作，首先要考虑采用哪种原理的传感器，这需要在分析多方面的因素之后才能确定。即使是测量同一物理量，也有多种原理的传感器可供选用，哪一种原理的传感器更为合适，则需要根据被测量的特点和传感器的使用条件考虑以下一些具体问题：量程的大小；被测位置对传感器体积的要求；测量方式为接触式还是非接触式；信号的引出方法，有线或是非接触测量；传感器的来源是国产还是进口；价格能否承受。

在考虑上述问题之后，就能确定选用何种类型的传感器，然后再考虑传感器的具体性能指标。

（2）传感器灵敏度的选择。通常，在传感器的线性范围内，希望传感器的灵敏度越高越好。因为只有灵敏度高时，与被测量变化对应的输出信号的值的变化才比较大，才有利于信号处理。但要注意的是，传感器的灵敏度高，与被测量无关的外界噪声也容易混入，也会被放大系统放大，从而影响测量精度。因此，要求传感器本身应具有较高的信噪比，尽量减少从外界引入的干扰信号。

传感器的灵敏度是有方向性的。当被测量是单向量，而且对其方向性要求较高时，则应选择其他方向灵敏度小的传感器；如果被测量是多维向量，则要求传感器的交叉灵敏度越小越好。

3. 传感器的主要性能指标

（1）频率响应特性。传感器的频率响应特性决定了被测量的频率范围，必须在允许频率范围内保持不失真的测量条件，实际上传感器的响应总有一定延迟，希望延迟时间越短越好。传感器的频率响应越高，可测的信号频率范围就越宽，而由于受到结构特性的影响，机械系统的惯性较大，因而频率低的传感器可测信号的频率较低。在动态测量中，应根据信号的特点（如稳态、瞬态、随机等）响应特性，以免产生过大的误差。

（2）线性范围。传感器的线性范围是指输出与输入成正比的范围。理论上讲，在此范围内，灵敏度保持定值。传感器的线性范围越宽，则其量程越大，并且能保证一定的测量精度。在选择传感器时，当传感器的种类确定以后，首先要看其量程是否满足要求。

但实际上，任何传感器都不能保证绝对的线性，其线性度也是相对的。

当所要求测量精度比较低时，在一定的范围内，可将非线性误差较小的传感器近似看作线性的，这会给测量带来极大的方便。

（3）稳定性。传感器使用一段时间后，其性能保持不变的能力称为稳定性。影响传感器长期稳定性的因素除传感器本身结构外，主要还是传感器的使用环境。因此，要使传感器具有良好的稳定性，传感器必须要有较强的环境适应能力。

在选择传感器之前，应对其使用环境进行调查，并根据具体的使用环境选择合适的传感器，或采取适当的措施，减小环境的影响。

传感器的稳定性有定量指标，当超过使用期后，在使用前应重新进行标定，以确定传感器的性能是否发生变化。

在某些要求传感器能长期使用而又不能轻易更换或标定的场合，所选用的传感器稳定性要求更严格，要能够经受住长时间的考验。

（4）精度。精度是传感器的一个重要的性能指标，它是关系到整个测量系统测量精度的一个重要环节。传感器的精度越高，其价格越昂贵，因此，传感器的精度只要满足整个测量系统的精度要求就可以，不必选得过高。这样就可以在满足同一测量目的的诸多传感器中选择比较便宜和简单的传感器。

如果测量目的是定性分析的，选用重复性精度高的传感器即可，不宜选用绝对量值精度高的；如果是为了定量分析，必须获得精确的测量值，就需选用精度等级能满足要求的传感器。

3.1.2 Packet Tracer 支持的传感器

以 PT 软件为例，我们打开主界面，单击左下角的组件（Components）大类，选择设备类别为传感器，就可以看到 PT 软件提供的所有传感器类型，如图 3.1.3 所示。

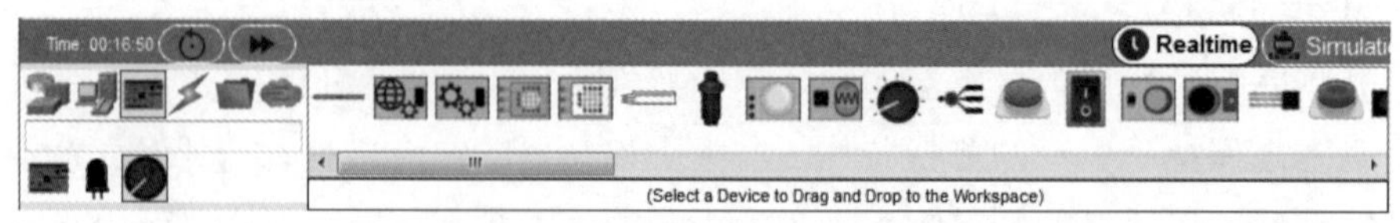

图 3.1.3 PT 提供的所有传感器类型

将鼠标指针移动到右边指定传感器上，就可以看到右边底部文本框中有该传感器的名称提示。假如要向主界面中添加一个温度传感器，则可以采取如下操作。

将传感器下方的进度条向右边拉，鼠标指针在各个传感器上移动，直到底部文本框中出现 Temperature Sensor 的提示，这就是温度传感器。将其拖动到界面中央，如图 3.1.4 所示。

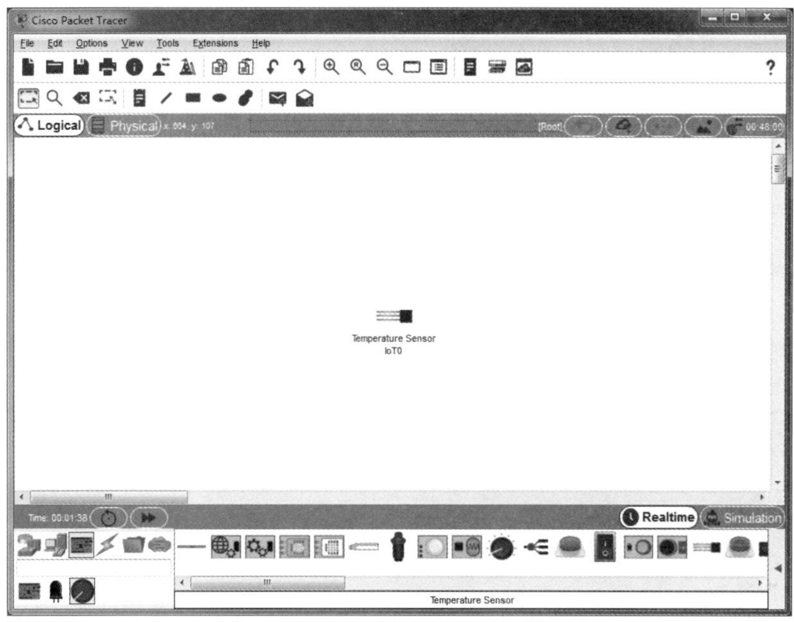

图 3.1.4　添加温度传感器到 PT 界面

单击该传感器，可以看到其特性选项卡，如图 3.1.5 所示。

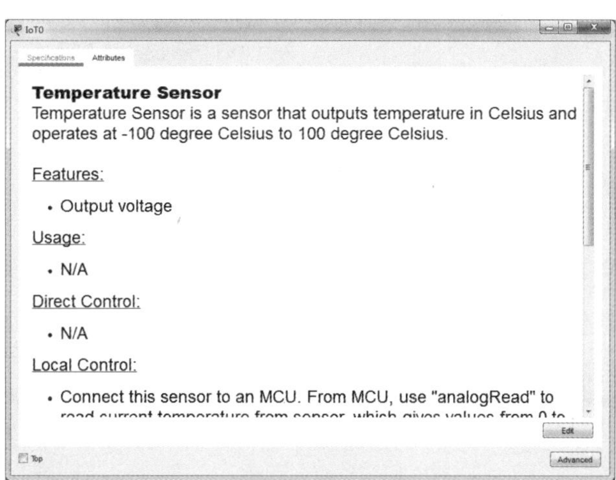

图 3.1.5　温度传感器的特性选项卡

可以看到温度传感器的作用是感知环境温度，输出 –100℃到 100℃的温度值，然后可以通过微控制单元（MCU）来读取温度传感器的温度值。微控制单元可以根据温度值来控制其他设备的自动运行或操作。接下来单击图 3.1.5 中右下角的 Advanced 按钮，切换到 Programming 选项卡。双击窗口左边的 Temperature Sensor，如图 3.1.6 所示。

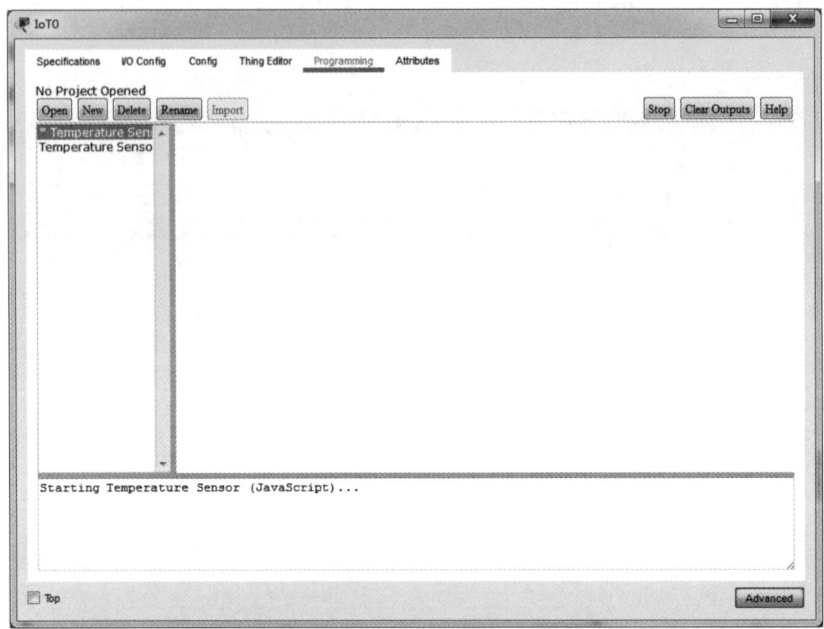

图 3.1.6　温度传感器的高级设置界面

再双击窗口左边的 main.js，就可以看到温度传感器的程序部分，如图 3.1.7 所示。

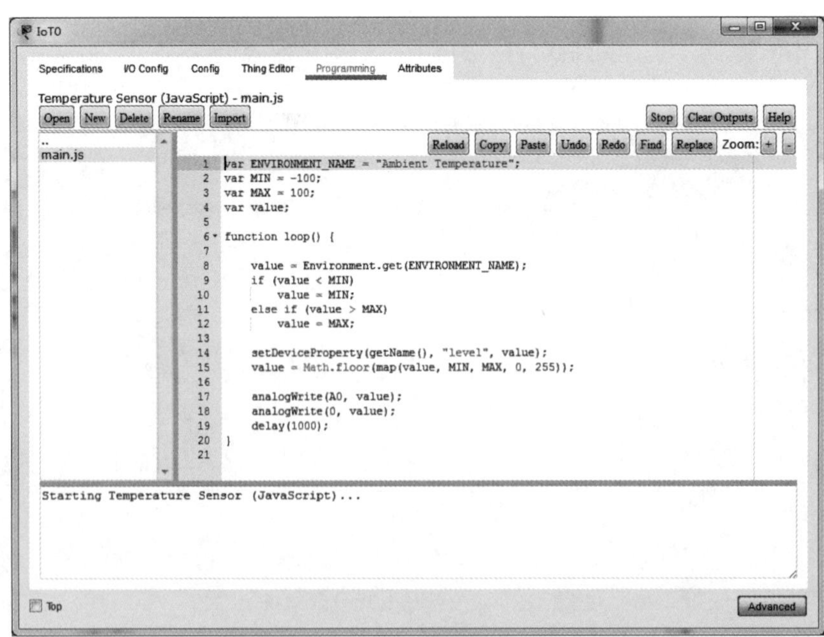

图 3.1.7　温度传感器的程序控制代码

其中的程序语言是JavaScript，本书将会在下一章详细介绍JavaScript编程基础。

在实际生活中，传感器元器件通常被安装在终端设备中。在上一章节的Packet Tracer实例中，温度监视器中就装有温度传感器，因此温度监视器才能够感知温度的变化，并将数据传递给家庭网关。

3.2 控制的含义

控制本身的含义是掌握对象使其按控制者的意愿活动。

在智能化系统中，控制系统根据接收的指令和数据，控制相应的设备或系统完成指定的操作，从而达到预设的目标。也就是说，控制系统可以按照所希望的方式保持和改变目标对象内任何感兴趣或可变的量，使其达到预定的理想状态。这意味着，控制系统必须要与数据获取系统协同工作，才能实现智能化系统的功能。

3.2.1 控制系统的组成

控制系统可以分为开环控制系统和闭环控制系统两大类。

开环控制系统由控制部件和执行部件组成，如图3.2.1所示。当控制系统启动时，控制命令被依次发送给执行部件，以执行相应的操作。例如，全自动洗衣机一旦启动，洗衣机就会按照预设的流程执行洗衣操作，至于衣服是否洗干净，则不是洗衣机的控制范畴。

开环系统结构简单，实现容易，但是由于缺乏反馈功能，无法获知控制的目标是否已经达到。洗衣机启动之后，不知道是否已经洗干净，这样就无法作出相应的调整。

闭环控制系统是在开环系统的基础上，增加了感知部件和反馈机制，形成了一个闭合的环路，如图3.2.2所示。感知部件监测目标，并通过反馈机制及时进行反馈，控制部件就可以有针对性地作出调整，使得执行部件修正操作，以达到控制目标。

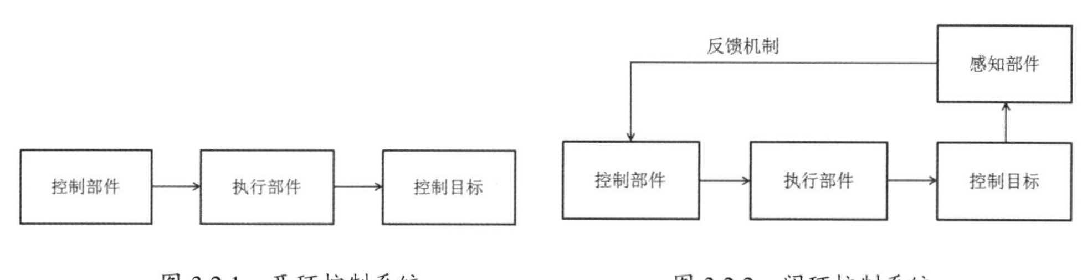

图3.2.1 开环控制系统　　图3.2.2 闭环控制系统

例如洗衣机启动之后，如果有相应的感知部件，能够监测到衣物的洗净情况，就可以根据需要延长或缩短清洗时间，或者加大或缩小洗衣强度，保证衣服能有效又快速地洗干净。

在智能化系统中，一般对控制系统有以下两点要求：

（1）提供网络接口。控制系统需要能够提供有线或者无线的网络接口，以便于控制系统接收来自智能处理中心的指令或反馈信息。

（2）控制系统没有与控制对象集成在一起时，需要控制系统能够提供标准化的接口，以利于和不同厂商的控制对象兼容。

3.2.2　在 Packet Tracer 中实现控制

在 Packet Tracer 中实现控制跟在实际生活中实现智能家居控制的基本思想是一致的，关键是要明确控制逻辑。

例如，家居室内需要常常开窗通风换气，以保证室内空气清新。但在市区内，若一直开窗，又会进来较多的灰尘，因此住户决定使用二氧化碳检测仪监控室内的二氧化碳浓度。当浓度大于某个规定值时，假设是 40% 时，控制窗户打开，而浓度小于该值时，控制窗户关闭。

使用 Packet Tracer 可轻松实现这个控制，其中的关键就是控制逻辑。

1. 建立连接

首先，打开 Packet Tracer 模拟器软件，选中正确的设备类别，添加二氧化碳检测器和窗户，并添加中控设备家庭网关和操作中控设备的 PC 机，使用直通双绞线将它们连接起来，如图 3.2.3 所示。

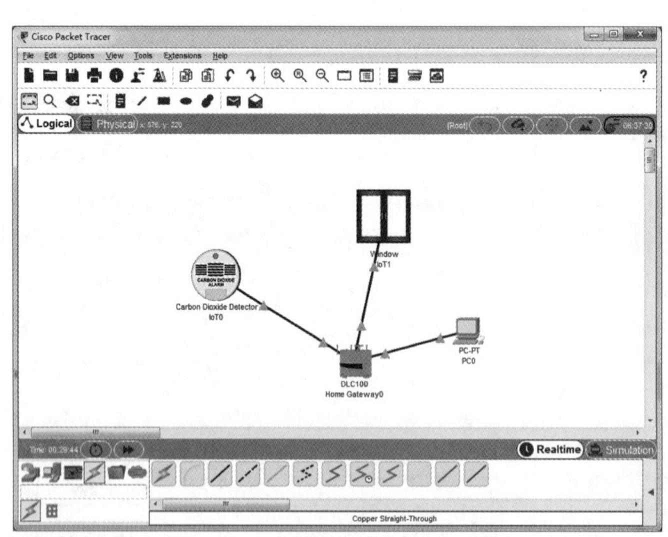

图 3.2.3　连接智能控制终端设备

2. 注册到家庭网关

参照上一章节中的实例，指定二氧化碳检测器和窗户的 IoT 服务器为家庭网关，并配置 PC 机、二氧化碳检测器和窗户的 IP 地址为 DHCP 方式自动获取，此时整个系统连通。打开 PC 机浏览器，在地址栏输入家庭网关的 IP 地址 192.168.25.1，输入默认的用户名和口令：admin，可以看到有两个终端设备连接到了家庭网关，分别是二氧化碳检测器和窗户，如图 3.2.4 所示。

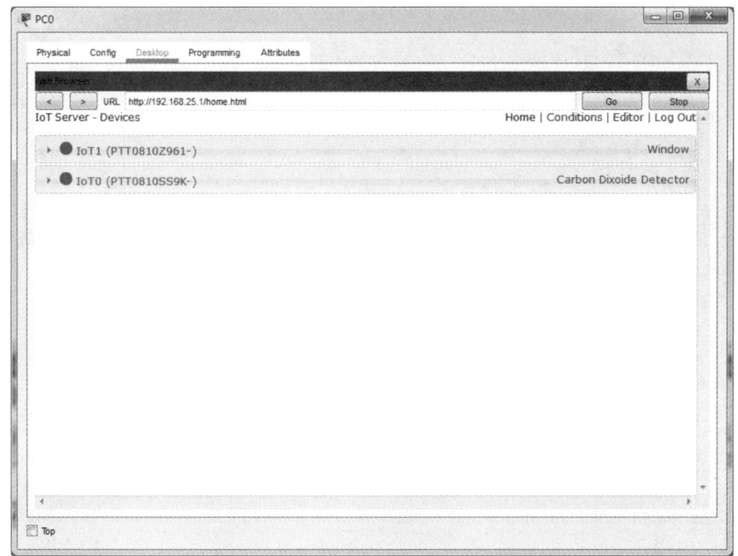

图 3.2.4 两台终端设备已经连接

3. 添加控制规则

单击 Conditions 进入控制条件页面，按下 Add 按钮添加两条控制规则，注意控制逻辑是：二氧化碳浓度大于或等于 40% 时，控制窗户打开；小于该值时，控制窗户关闭，如图 3.2.5 所示。

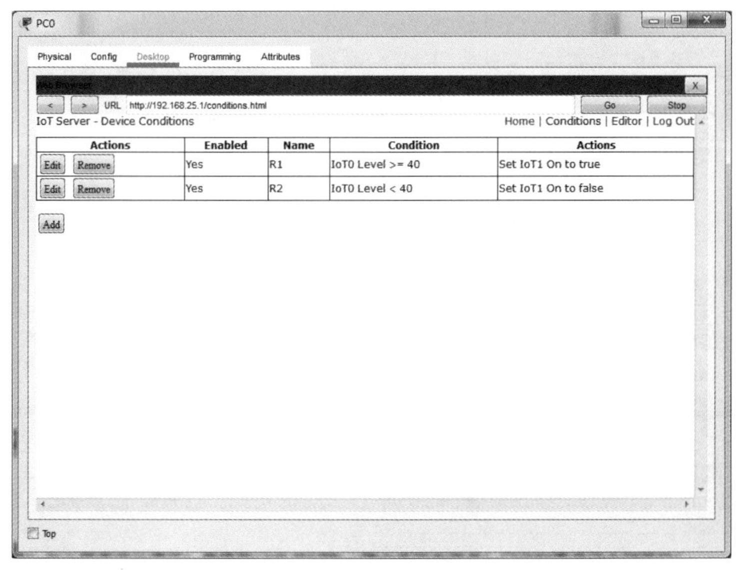

图 3.2.5 控制规则

40% 这个值，仅仅是为了演示本实验而设定，在实际生活中，空气中的二氧化碳浓度不应超过万分之五。

参照前述章节中介绍的环境设置方法，单击主界面右上角环境设置图标，设置二氧化碳浓度初始值为 50%，如图 3.2.6 所示。

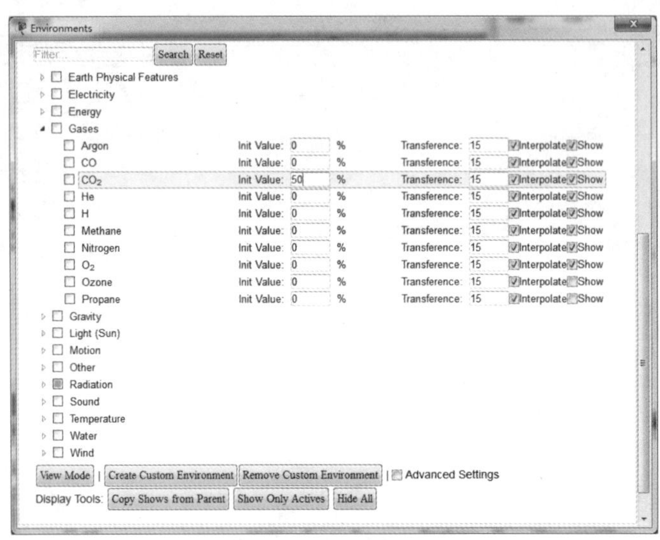

图 3.2.6　设置二氧化碳浓度初始值

4. 验证结果

平铺主界面和环境设置界面窗口，单击环境设置窗口中的 View Mode 按钮，可以看到窗户立即打开，这是因为二氧化碳检测器检测到了二氧化碳浓度严重超标，根据控制逻辑，受控部件即窗户立即打开，如图 3.2.7 所示。

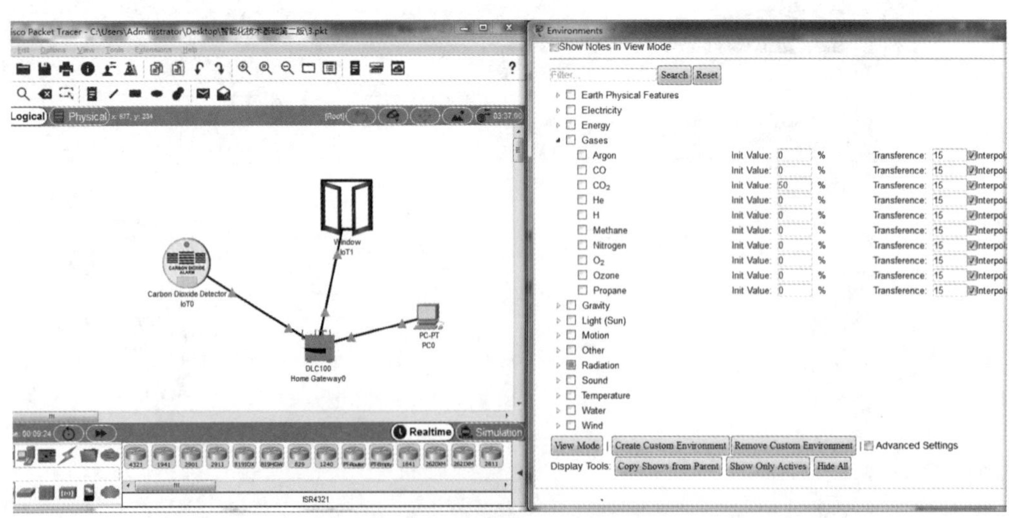

图 3.2.7　二氧化碳浓度值超标导致窗户立即打开

由于二氧化碳浓度值迅速下降，因此几秒钟后窗户会自动关闭。

5. 系统改进

在本例中，各设备与中央控制部件，即家庭网关的连接，都是通过有线的方式进行的，这对实际的使用造成很大的不便，不仅增加了房间的布线成本，也影响美观。如果能将有线连接改成无线连接，则将是对本系统的一个有益的改进。Packet Tracer 提供对终端设备进行无线连接的支持。

单击窗户图标，在打开的对话框中按下右下角的 Advanced 按钮，这时显示的是高级属性对话框，如图 3.2.8 所示。

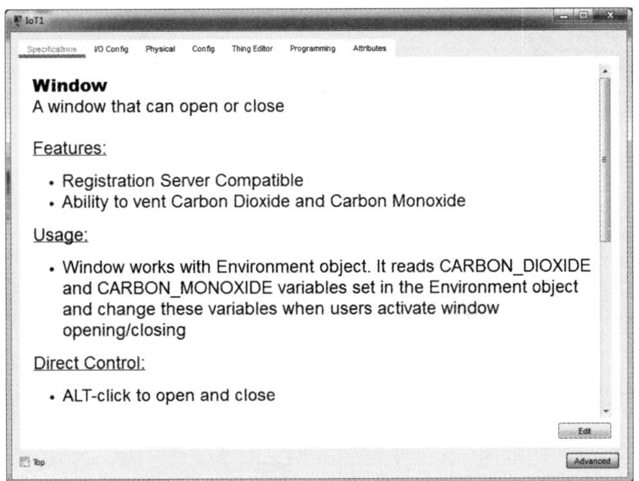

图 3.2.8　Window 高级属性对话框

选中其中的 I/O Config 选项卡，在此处可以设置网卡的类型，如图 3.2.9 所示。

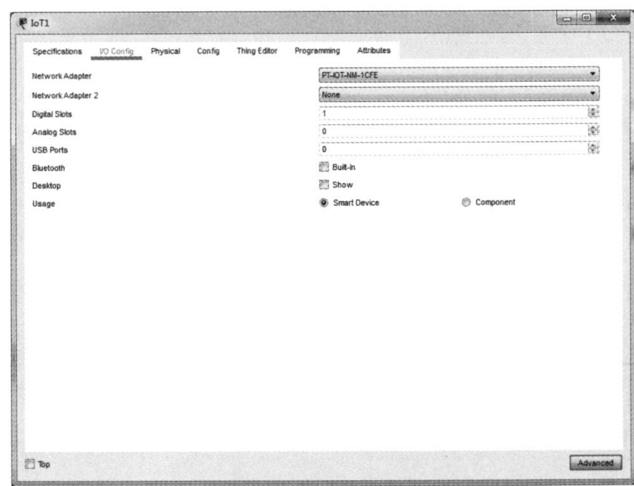

图 3.2.9　I/O Config 选项卡

在 I/O Config 选项卡中可以看到，这个设备支持两个网络适配器（Network Adapter），但目前 Network Adapter 2 为 None。单击 Network Adapter 2 右边的下拉菜单，选中无线网卡 PT-IOT-NM-1W，如图 3.2.10 所示。

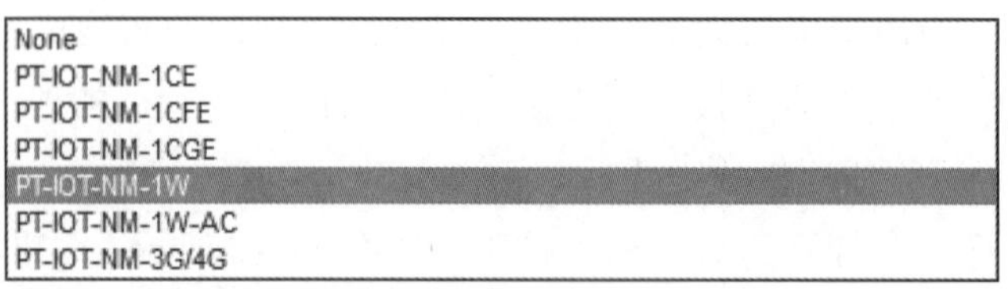

图 3.2.10　网卡选项

回到主界面，可以看到窗户又建立了一条到家庭网关的无线连接，此时断开原来的网线，无线连接也将保持不变。这是因为，窗户新添加了一块无线网卡，该无线网卡自动与家庭网关建立了无线连接且获得了 IP 地址，如图 3.2.11 所示。

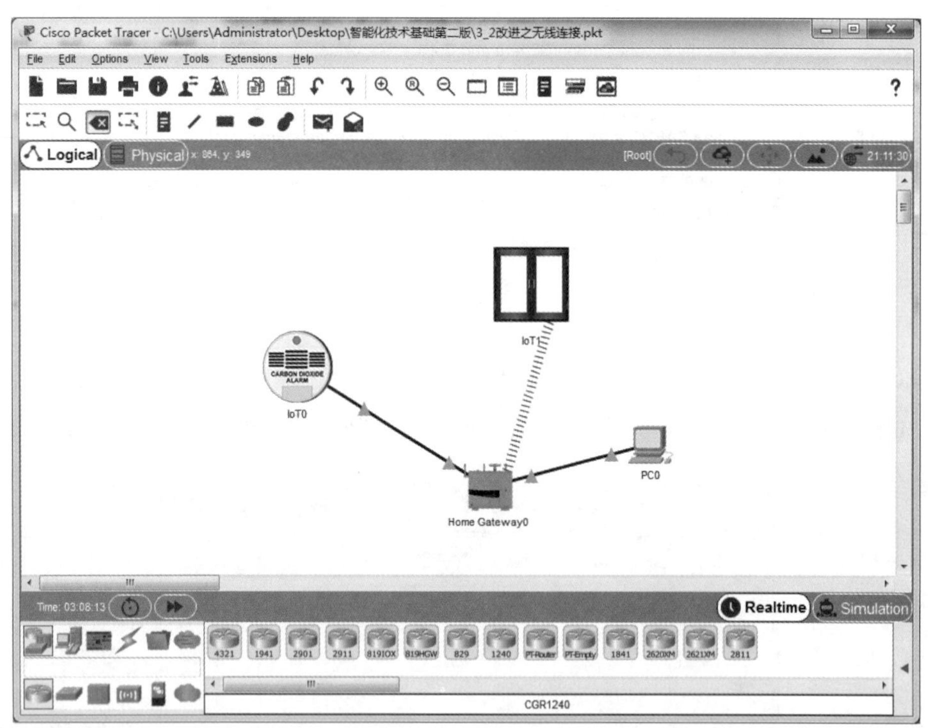

图 3.2.11　设备无线连接

此时，由于窗户的 IP 地址变更，需要重新在家庭网关上对窗户进行注册。重复前面的实验步骤，重新注册窗户，删除原有的控制规则，重新建立控制规则，仍然可以完成相同的控制目标。

3.3 思考题

1．列举在生活中见到的感知部件的应用实例。

2．列举在生活中见到的开环和闭环控制系统，并比较它们的异同。

3. 仿照3.2.2的实验中，自己创建一个控制实例，并使用Packet Tracer模拟器来实现。

第 4 章
程序设计基础

学习目标：

通过本章的学习，应能够了解到：

1. JavaScript 的主要术语。
2. 如何使用 JavaScript 实现简单的程序设计。
3. 如何在 Packet Tracer 模拟器中通过 JavaScript 编程实现简单的控制功能。

4.1 JavaScript 简介

JavaScript 是 Web 应用开发上一种功能强大的编程语言，主要用于开发交互式 Web 页面。它不需要进行编译，直接嵌入在超文本标记语言（HTML，网页的最常用文档格式）中使用。JavaScript 是属于网络的脚本语言，也是因特网上最流行的脚本语言。

Packet Tracer 模拟器支持使用 JavaScript 和 Python 语言编写程序，实现一定的控制功能。由于 JavaScript 使用简单，入门容易，本书将以 JavaScript 为例，介绍基本的程序设计控制思想和方法，有兴趣的读者后续可以深入学习。

4.1.1 JavaScript 的引入

在 HTML 文档中引入 JavaScript 分为两种方式：一种是在 HTML 中直接嵌入 JavaScript 脚本，称为内嵌式；另一种是链接外部 JavaScript 脚本文件（扩展名为 js），称为外链式，具体如图 4.1.1 所示。两种导入方式都用到 <script></script> 标签，其中 type 属性指定引用的脚本语言类型。当 type 属性值为 "text/javascript" 时，表示 script 元素中包含的是 JavaScript 脚本。

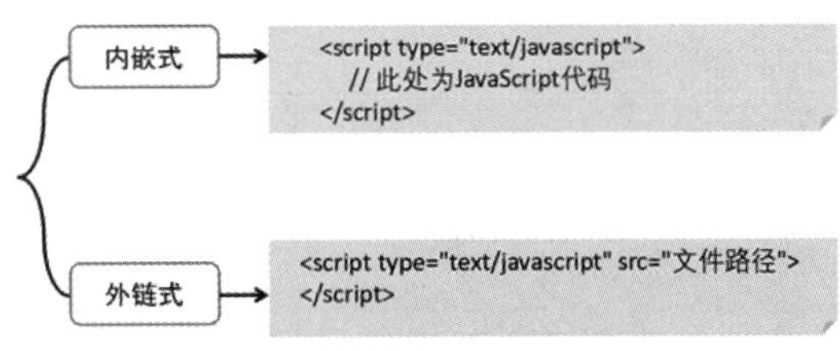

图 4.1.1 JavaScript 引入方式

当脚本代码比较复杂或者同一段代码需要被多个网页文件使用时，可以将这些脚本代码放置在一个扩展名为 js 的文件中，然后用外链式的 src 属性引入该 js 文件。下面通过一个简单案例演示一个 JavaScript 程序。

【例 1】定义一个 JavaScript 程序。

```
<html>
  <body>
```

```
    <script type="text/javascript">
      document.write("Hello JavaScript!");
    </script>
  </body>
</html>
```

用任意的文本编辑工具软件完成以上代码，保存为扩展名为 html 的文件，如：demo2-1.html。在浏览器打开运行结果如图 4.1.2 所示。其中关键语句是 document.write()，可以将任何字符串输出到浏览器窗口。

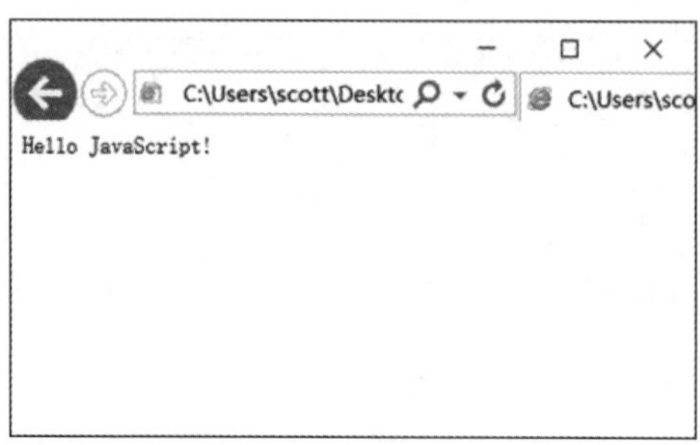

图 4.1.2　例 1 运行结果

4.1.2　JavaScript 主要术语

1. JavaScript 数据类型

JavaScript 中有 5 种基本数据类型：Number（数值）、String（字符串）、Boolean（布尔）、Null（空类型）和 Undefined（未定义类型），见表 4.1.1。

表 4.1.1　JavaScript 基本数据类型

类型	含义	说明
Number	数值类型	正数、负数、0，允许有小数点
String	字符串类型	字符串是单引号或者双引号括起来的一个或多个字符
Boolean	布尔类型	只有 true 或 false 两个值
Null	空类型	没有任何值
Undefined	未定义类型	指变量被创建，但未赋值时所具有的值

除了五种基本数据类型，还有数组（Array）和复杂数据类型 Object（对象）。数组（Array）是相同类型的若干数据集合，而 Object（对象）类型是由若干属性构成的复合数据类型，如：person={firstname:"Bill", lastname:"Gates", id:5566} 是描述一个人的对象类型。

2. 关键字

JavaScript 关键字（Reserved Words），又被称为“保留字”，是指在 JavaScript 语

言中被事先定义好并赋予特殊含义的单词。JavaScript 常用的关键字见表 4.1.2。

表 4.1.2 JavaScript 关键字

abstract	continue	finally	instanceof	private	this
boolean	default	float	int	public	throw
break	do	for	interface	return	typeof
byte	double	function	long	short	true
case	else	goto	native	static	var
catch	extends	implements	new	super	void
char	false	import	null	switch	while
class	final	in	package	synchronized	with

3. 变量

对于任何编程语言来说，基础部分都是大同小异的，包括变量、函数、条件语句、循环语句等，而对于每种语言的语法来说却各有不同。在 JavaScript 中，定义局部变量时，统一用 var 进行变量声明，语法格式如下：

```
var str =" 变量名 ";                    // 字符串类型
var num = 1.5 ;                         // 数值类型
  age = 23;                             // 数值类型
var str = new String;                   // 字符串类型
var cars = new Array("A","B","C");      // 字符串类型的数组
```

"//" 为 JavaScript 的单行注释，用来说明该行代码意义，不会执行；多行注释以 "/*" 开始，以 "*/" 结尾。JavaScript 作为弱类型语言，变量赋值才确定数据类型。new 关键字用于声明对应类型的变量。

在编程过程中，经常需要定义一些符号来标记某些名称，如函数名、变量名等，这些符号被称为标识符。在 JavaScript 中，标识符主要用来命名变量和函数。其中，命名变量时需要注意以下几点：

（1）必须以字母或下划线开头，中间可以是数字、字母或下划线。

（2）变量名不能包含空格、加、减等符号。

（3）不能使用 JavaScript 中的关键字作为变量名，如 var int 等。

（4）JavaScript 的变量名严格区分大小写，如 UserName 与 username 代表两个不同的变量。

【例 2】JavaScript 数据类型与变量。

```
<html>
  <body>
   <script type="text/javascript">
     var v;                                  // 声明未定义类型变量
     var str = "Hello,World";                // 字符串
```

```
        var flag = true;                              // 布尔值变量
        var n = null;                                 // 空类型
        var age = 20;                                 // 数值类型
        var str1 = new String("Hello,javascript");    // 使用 new 关键字声明字符串变量
        var nums = new Array(0,1,2,3,4,5,6,7,8,9);    // 数值类型数值
        // 输出以上各种类型数据，<br> 代表换行
        document.write(v+"<br>");
        document.write(str+"<br>");
        document.write(age+"<br>");
        document.write(str1+"<br>");
        document.write(nums+"<br>");
        document.write(flag+"<br>");
        document.write(n+"<br>");
      </script>
    </body>
  </html>
```

程序运行结果如图 4.1.3 所示。

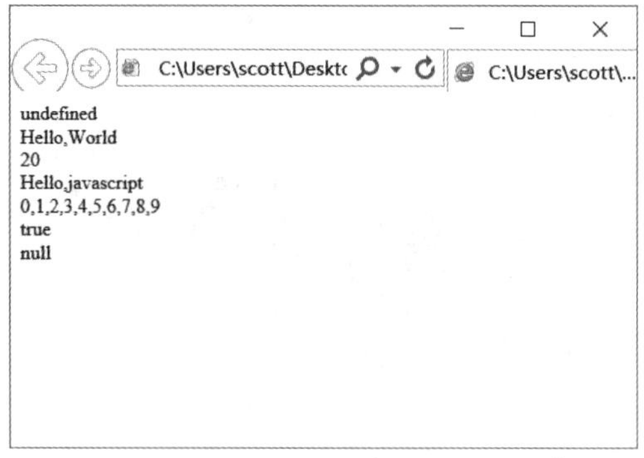

图 4.1.3　例 2 的运行结果

4. 函数

函数（function）也可以称为方法，是将一些代码组织在一起，形成一个用于完成某个具体功能的代码块，在需要时可以进行重复调用。在 JavaScript 中，函数使用关键字 function 来定义，其语法格式如下：

```
<script type="text/javascript">
  function 函数名 ([ 参数 1, 参数 2......]){
    函数体
  }
</script>
```

从上述语法格式可以看出，函数由关键字 function、函数名、参数和函数体四部分来定义，对它们解释如下：

function：在声明函数时必须使用的关键字。

函数名：创建函数的名称，函数名必须是唯一的。

参数：外界传递给函数的值，是可选的。当有多个参数时，各参数之间用“,”分隔。

函数体：函数定义的主体，专门用于实现特定功能。

下面是两个常用的 JavaScript 内置函数：

（1）prompt() 方法是 JavaScript 中窗口（window）对象的一个常用方法，用于显示和提示用户输入信息的对话框。其语法格式如下：

```
window.prompt( 提示信息字符串 , 默认输入值 );
```

或

```
prompt( 提示信息字符串 , 默认输入值 );
```

如果用户单击提示框中取消按钮，则返回 null。单击确认按钮，则返回输入当前显示的文本信息。prompt() 方法可以用来作为 JavaScript 的输入方法，但要注意其返回的数据类型为字符串或 null。

（2）alert() 函数主要用于弹出警示对话框，通常用于对用户进行提示。其语法格式如下：

```
window.alert("Hello World!");
```

或

```
alert("Hello World!");
```

alert() 括号里面的文本信息用于显示在警示对话框中，该对话框还有一个确认按钮，单击能关闭对话框。alert() 和 document.write() 方法都算是 JavaScript 的输出方法。

【例 3】JavaScript 函数的定义和调用。

```
<html>
  <body>
    <script type="text/javascript">
      // 定义带参数的函数
      function sayHello(msg){
        alert(msg);
      }
      // 通过提示框输入要输出的文本信息
      var msg = window.prompt(" 请输入要提示字符串 ：","hello,JavaScript!");
      // 调用定义的函数执行文本信息提示
      sayHello(msg);
    </script>
  </body>
</html>
```

在浏览器运行上面代码，效果如图 4.1.4 所示。

5. 运算符

运算符是程序执行特定算术或操作的符号，用于执行程序代码运算。JavaScript 中的运算符主要包括算术运算符、比较运算符、赋值运算符、逻辑运算符和条件运算符 5 种，具体介绍如下：

（1）算术运算符。算术运算符用于连接运算表达式，主要包括加（+）、减（-）、乘（*）、除（/）、取模（%）、自增（++）、自减（--）等运算符，常用的算术运算符见表 4.1.3。

图 4.1.4　例 3 运行结果

表 4.1.3　算术运算符

算术运算符	描述
+	加运算符
-	减运算符
*	乘运算符
/	除运算符
%	取模运算符
++	自增运算符。该运算符有 i++（在使用 i 之后，使 i 的值加 1）和 ++i（在使用 i 之前，先使 i 的值加 1）两种
--	自减运算符。该运算符有 i--（在使用 i 之后，使 i 的值减 1）和 --i（在使用 i 之前，先使 i 的值减 1）两种

（2）比较运算符。比较运算符在逻辑语句中使用，用于判断变量或值是否相等。其运算过程需要首先对操作数进行比较，然后返回一个布尔值 true 或 false。常用的比较运算符见表 4.1.4。

表 4.1.4　比较运算符

比较运算符	描述
<	小于
>	大于
<=	小于等于
>=	大于等于
= =	等于。只根据表面值进行判断，不涉及数据类型。例如，"27"= =27 的值为 true
= = =	绝对等于。同时根据表面值和数据类型进行判断。例如，"27"= = =27 的值为 false
!=	不等于。只根据表面值进行判断，不涉及数据类型。例如，"27"!=27 的值为 false
!= =	不绝对等于。同时根据表面值和数据类型进行判断。例如，"27"!= =27 的值为 true

（3）逻辑运算符。逻辑运算符是根据表达式的值来返回 true 或是 false。JavaScript 支持常用的逻辑运算符，具体见表 4.1.5。

表 4.1.5 逻辑运算符

逻辑运算符	描述
&&	逻辑与，只有当两个操作数 a、b 的值都为 true 时，a&&b 的值才为 true，否则为 false
||	逻辑或，只有当两个操作数 a、b 的值都为 false 时，a||b 的值才为 false，否则为 true
!	逻辑非，!true 的值为 false，而 !false 的值为 true

（4）赋值运算符。最基本的赋值运算符是“=”，用于对变量进行赋值。其他运算符可以和赋值运算符“=”联合使用，构成组合赋值运算符。常用的赋值运算符见表 4.1.6。

表 4.1.6 赋值运算符

赋值运算符	描述
=	将右边表达式的值赋给左边的变量。例如，username="name"
+ =	将运算符左边的变量加上右边表达式的值赋给左边的变量。例如，a+=b，相当于 a=a+b
- =	将运算符左边的变量减去右边表达式的值赋给左边的变量。例如，a-=b，相当于 a=a-b
*=	将运算符左边的变量乘以右边表达式的值赋给左边的变量。例如，a*=b，相当于 a=a*b
/ =	将运算符左边的变量除以右边表达式的值赋给左边的变量。例如，a/=b，相当于 a=a/b
% =	将运算符左边的变量用右边表达式的值求模，并将结果赋给左边的变量。例如，a%=b，相当于 a=a%b

（5）条件运算符。条件运算符是 JavaScript 中的一种特殊的三目运算符，其语法格式如下：

```
操作数 ? 结果 1: 结果 2
```

若操作数的值为 true，则整个表达式的结果为“结果 1”，否则为“结果 2”。

6. 条件语句

所谓条件语句就是对语句中不同条件的值进行判断，进而根据不同条件执行不同的语句。if 判断语句是最基本、最常用的条件控制语句，通过判断条件表达式的值为 true 或者 false 来确定是否执行某一条语句或多条语句，主要包括单向判断、双向判断和多向判断语句。还有一种 switch 开关语句适合对某一表达式的多个取值进行多路分支判断。

（1）单向判断语句。单向判断语句是结构最简单的条件语句，如果程序中存在不执行某些指令的情况，就可以使用单向判断语句，其语法格式如下：

```
if( 判断条件 ){
  语句
}
```

在上面的语法结构中，if 可以理解为“如果”，小括号“()”内用于指定 if 语句中的判断条件，大括号“{}”内用于指定满足判断条件后需要执行的语句，如图 4.1.5 所示。

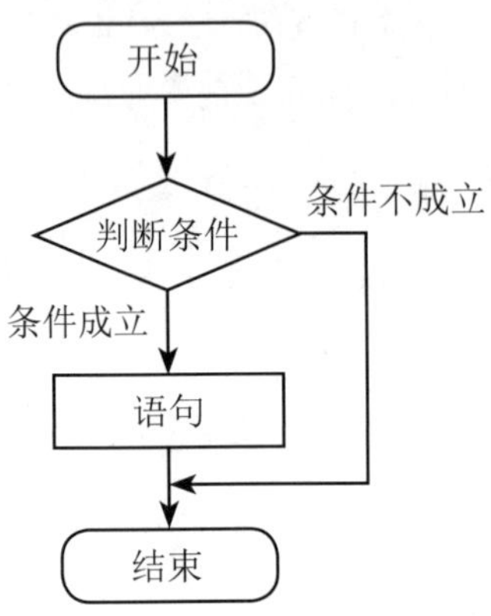

图 4.1.5　单向判断语句流程图

（2）双向判断语句。双向判断语句是 if 条件语句的基础形式，只是在单向判断语句的基础上增加了一个从句，其基本语法格式如下：

```
if( 判断条件 ){
  语句 1
}
else{
  语句 2
}
```

双向判断语句和单向判断语句类似，只是在其基础上增加了一个 else 从句，表示如果条件成立就执行语句 1，否则执行语句 2，如图 4.1.6 所示。

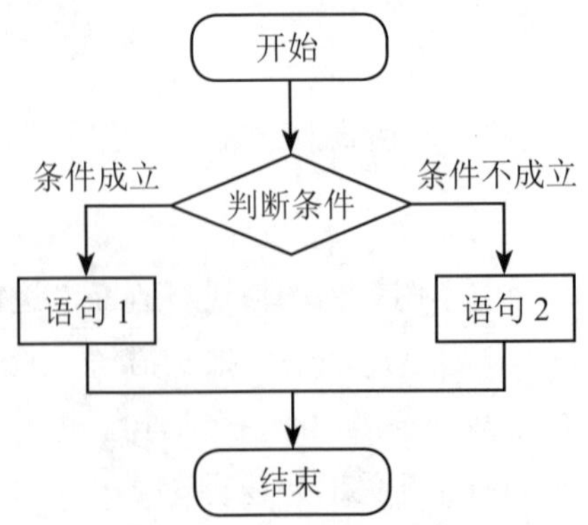

图 4.1.6　双向判断语句流程图

（3）多向判断语句。多向判断语句是根据表达式的结果判断一个条件，然后根据返回值做进一步的判断，其基本语法格式如下：

```
if( 判断条件 1){
  语句 1
}
else if( 判断条件 2){
     语句 2
}
else if( 判断条件 3){
     语句 3
}
......
else{
     语句 n
}
```

在多向判断语句的语法中，通过 else if 语句对多个条件进行判断，根据判断结果执行相应的语句，最后以 else 语句结束，针对以上所有条件都不满足的情况执行。其流程图如图 4.1.7 所示。

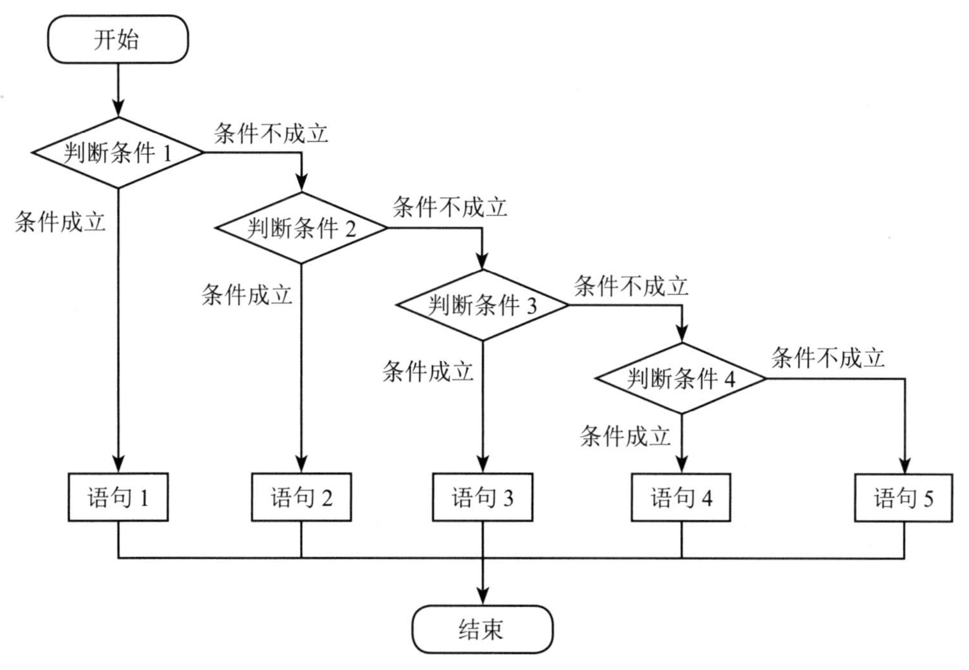

图 4.1.7　多向判断语句流程图

（4）switch 语句。switch 条件语句是典型的多路分支语句，其基本语法格式如下：

```
switch ( 表达式 ){
     case 目标值 1:
        执行语句 1
        break;
```

```
    case 目标值 2:
      执行语句 2
        break;
      ……
      case 目标值 n:
      执行语句 n
        break;
      default:
      执行语句 n+1
        break;
}
```

switch 语句将表达式的值与每个 case 中的目标值进行匹配，如果找到了匹配的值，就执行 case 后面对应的语句；如果没有找到任何匹配的值，就执行 default 后面的语句。关于 break 关键字，只需知道它的作用是跳出 switch 语句即可。

【例 4】switch 条件语句。

```
<html>
  <body>
   <script type="text/javascript">
     var name = prompt(" 请输入要查询成绩的学生姓名：","小明 ");
     // 定义一个变量，并获取输入值
     switch(name){
       case " 小明 ":
           document.write(" 第一名：小明 :657 分 ");
           break;
       case " 小王 ":
           document.write(" 第二名：小明 :621 分 ");
           break;
       case " 小刘 ":
           document.write(" 第三名：小明 :587 分 ");
           break;
       default:
           alert(" 只限前三名分数查询 ");    // 判断条件都不匹配则弹出该执行语句
           break;
     }
   </script>
  </body>
</html>
```

运行结果如图 4.1.8 所示。

7. 循环语句

循环语句用于批量操作，JavaScript 支持以下不同类型的循环。

while：当指定的条件为 true 时循环指定的代码块。

do…while：当指定的条件为 true 时循环指定的代码块。

for：循环代码块一定的次数。

for…in：循环遍历对象的属性。

图 4.1.8　例 4 运行结果

（1）while 循环语句。while 语句是最基本的循环语句，其基本语法格式如下：

```
while( 循环条件 ){
    循环体语句 ;
}
```

（2）do…while 循环语句。do…while 循环语句也称为后测试循环语句，它也是利用一个条件来控制是否要继续执行该语句，其基本语法格式如下：

```
do {
   循环体语句 ;
} while( 循环条件 );
```

（3）for 循环语句。for 循环语句也称为计次循环语句，一般用于循环次数已知的情况，其基本语法格式如下：

```
for( 初始化表达式 ; 条件表达式 ; 迭代表达式 ){
   循环体语句 ;
}
```

for 循环是最常用的循环语句，其执行流程如图 4.1.9 所示。

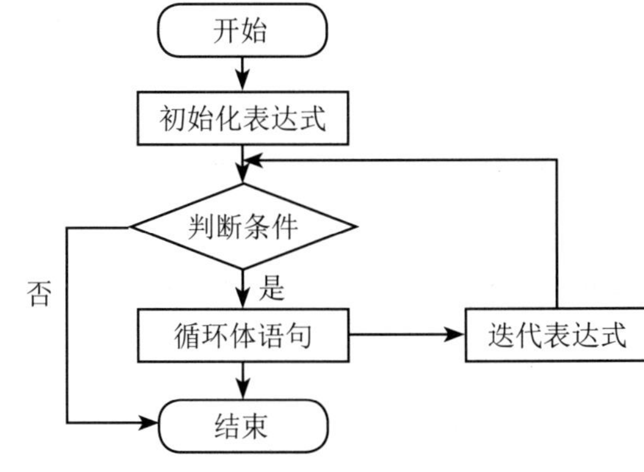

图 4.1.9　循环语句流程

【例 5】for 循环语句。

```
<html>
  <body>
    <script type="text/javascript">
       for(var i=0;i<=5;i++){
         // 循环输出 i 值
         document.write(i+"<br>");
       }
    </script>
  </body>
</html>
```

运行结果如图 4.1.10 所示。

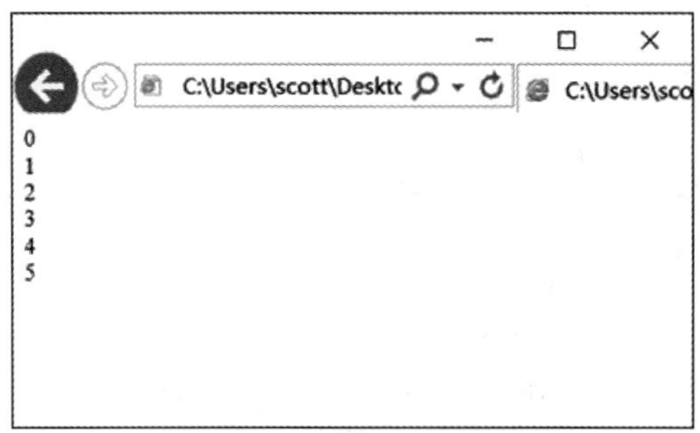

图 4.1.10　例 5 运行结果

（4）for…in 循环语句。for...in 语句用于对数组或者对象的属性进行循环操作。for ... in 循环中的代码每执行一次，就会对数组的元素或者对象的属性进行一次操作。其语法如下：

```
for ( 变量 in 对象 ( 数组 ))
{
   在此执行代码
}
```

【例 6】for…in 循环语句。

```
<html>
  <body>
    <script type="text/javascript">
      // 定义一个数组，并赋值成字符串数组
      var coms = new Array("Google","Apple","Amazon","Baidu","Tencent","HUAWEI");
      for (var i in coms) // 定义变量 i，代表数组的下标
      {
        document.write(coms[i] + "<br />")
      }
    </script>
  </body>
</html>
```

运行结果如图 4.1.11 所示。

图 4.1.11　例 6 运行结果

JavaScript 语言不仅作为最流行的网络脚本语言，还能结合 HTML 和 CSS 来实现交互式 Web 应用开发。本节出于智能化基础控制的需要，只是介绍了 JavaScript 的基本语法、输入输出和流程控制，为后面继续学习使用 PT 软件模拟智慧家居等智能化系统打下程序设计基础。

4.2 实现简单的程序设计

4.2.1　安装程序设计环境

JavaScript 语言在任何有浏览器软件的操作系统中都能解释运行。任何文本编辑工具都能成为 JavaScript 的设计开发工具。这里推荐几款常用的 JavaScript 设计工具：Notepad++、Sublime Text 和 WebStorm 等。

接下来以 Notepad++ 这款软件为例，介绍 JavaScript 程序设计环境的安装。从 Notepad++ 的官网：https://notepad-plus-plus.org/download/ 下载安装文件。根据操作系统是 32 或者 64 位选择合适的安装包下载安装即可，如图 4.2.1 所示。

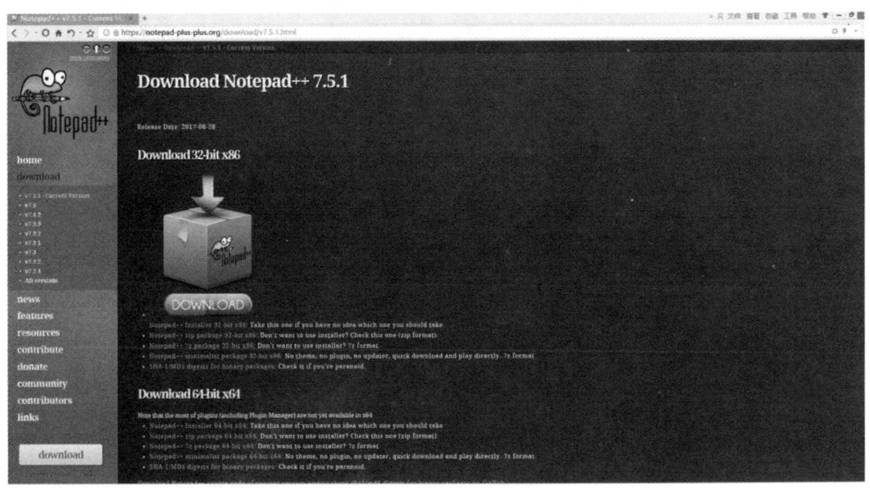

图 4.2.1　Notepad 软件官网

安装并打开 Notepad++，主界面如图 4.2.2 所示。

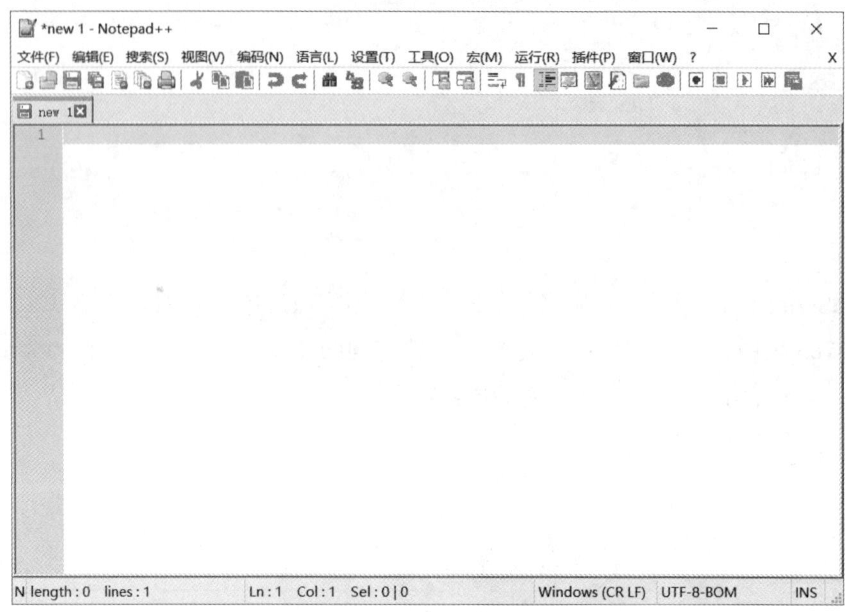

图 4.2.2 Notepad 主界面

编辑 JavaScript 前注意修改编码格式为 UTF-8，以便更好地支持中文字符，如图 4.2.3 所示。

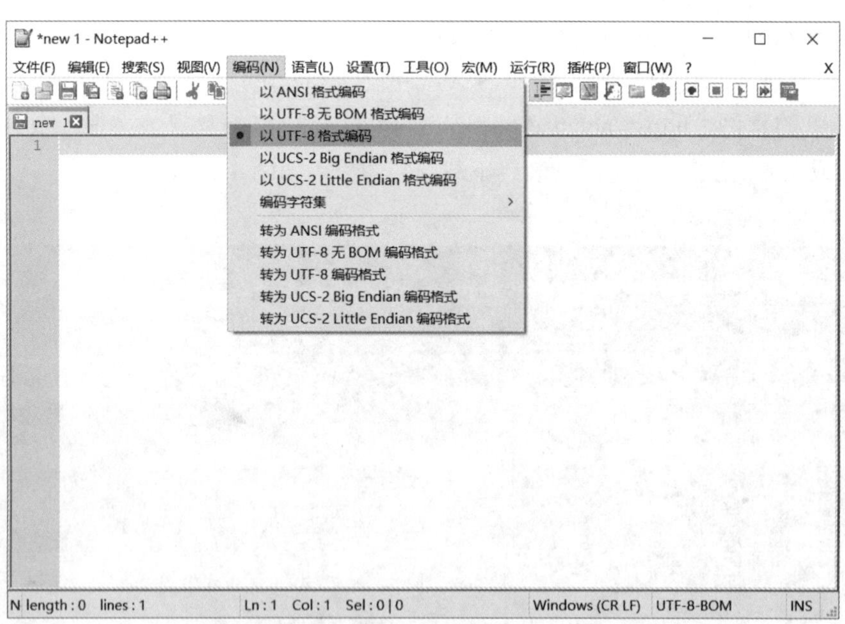

图 4.2.3 修改字符集编码

语言建议选择 HTML 或者 JavaScript，以便有更好的代码提示功能，如图 4.2.4 所示。

第 4 章

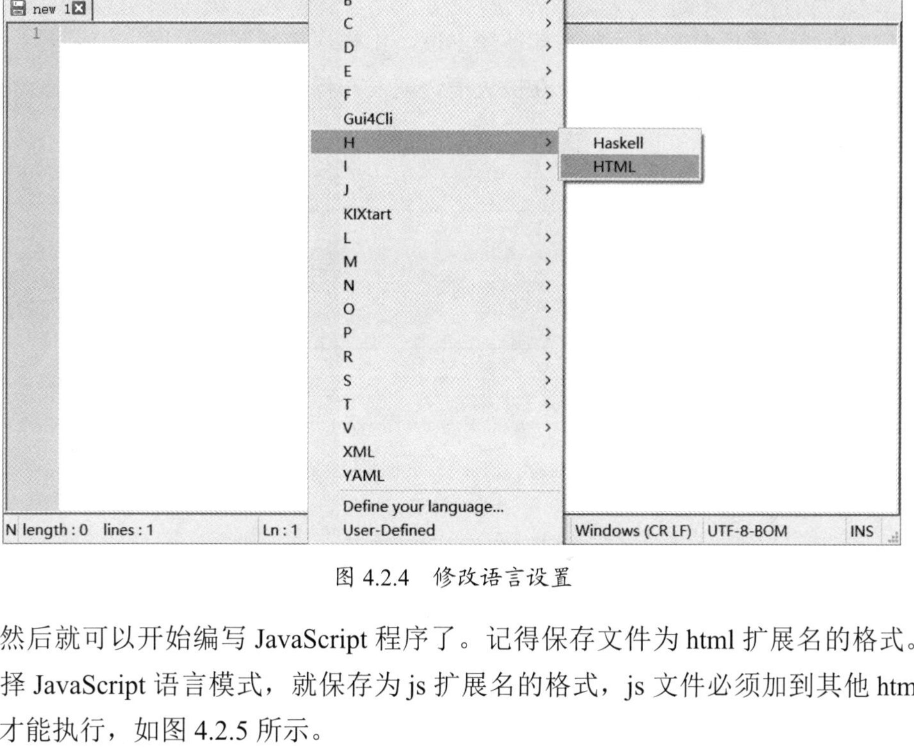

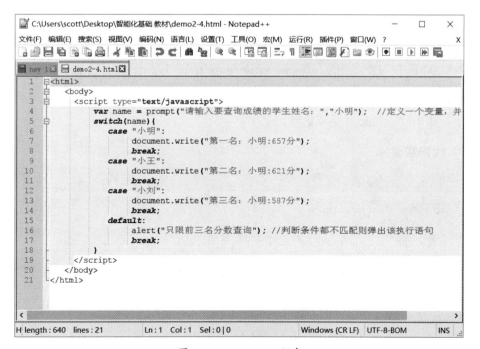

图 4.2.4　修改语言设置

然后就可以开始编写 JavaScript 程序了。记得保存文件为 html 扩展名的格式。如果选择 JavaScript 语言模式，就保存为 js 扩展名的格式，js 文件必须加到其他 html 文件中才能执行，如图 4.2.5 所示。

C:\Users\scott\Desktop\智能化基础 教材\demo2-4.html - Notepad++

```
<html>
    <body>
     <script type="text/javascript">
          var name = prompt("请输入要查询成绩的学生姓名：","小明");  //定义一个变量，并
          switch(name){
             case "小明":
                  document.write("第一名：小明:657分");
                  break;
             case "小王":
                  document.write("第二名：小明:621分");
                  break;
             case "小刘":
                  document.write("第三名：小明:587分");
                  break;
             default:
                  alert("只限前三名分数查询"); //判断条件都不匹配则弹出该执行语句
                  break;
          }
     </script>
    </body>
</html>
```

H length : 640　lines : 21　Ln : 1　Col : 1　Sel : 0 | 0　Windows (CR LF)　UTF-8-BOM　INS

图 4.2.5　JavaScript 程序

4.2.2 实现简单的输入和输出

1. 实验描述

本实验通过模拟温度传感器感知环境温度，由程序控制判断温度：如果大于 30 摄氏度，就发布高温预警；如果低于 0 摄氏度，就发布低温预警；其他温度就显示正常，如图 4.2.6 所示。

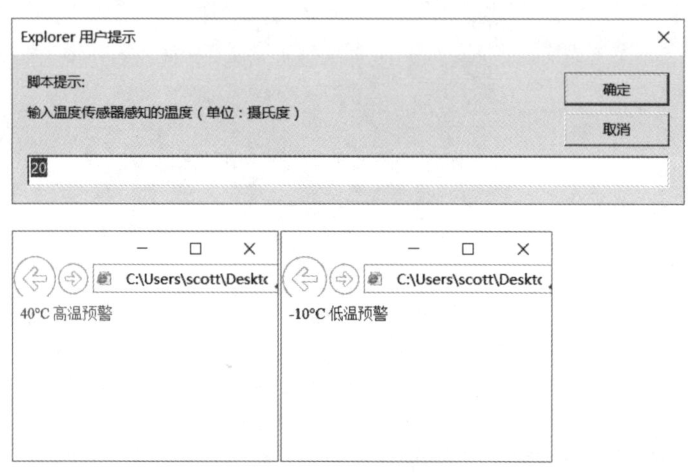

图 4.2.6 实现简单输入输出

2. 实验分析

（1）运用 prompt 函数获取用户输入的温度值来模拟温度传感器感知环境温度。

（2）运用 if...else 条件语句来判断高温预警、低温预警和正常温度的范围。

（3）在使用 document.write() 输出结果时使用 "<p style='color:red'>"+temperature+"℃ 高温预警 </p>" 格式颜色化输出文本信息，其中 style='color:red' 为定义红色输出文字，如果改成 blue 就是蓝色输出文字。

3. 代码实现

```
<html>
  <body>
    <script type="text/javascript">
      // 定义温度变量
      var temperature = prompt(" 输入温度传感器感知的温度（单位：摄氏度）",20);
      if (temperature>=30){
        document.write("<p style='color:red'>"+temperature+"℃ 高温预警 </p>")
      }else if(temperature<=0){
        document.write("<p style='color:blue'>"+temperature+"℃ 低温预警 </p>")
      }else{
        document.write("<p style='color:green'>"+temperature+"℃ </p>")
      }
```

```
    </script>
  </body>
</html>
```

4. 实验总结

本实验主要为了巩固 JavaScript 的函数调用、输入输出和条件判断语句的应用，实现了简单的输入输出。

4.2.3 实现简单的流程控制

1. 实验描述

本实验需要通过 JavaScript 分别计算 0 ～ 100 内奇数之和与偶数之和，如图 4.2.7 所示。

图 4.2.7　实现简单的流程控制

2. 实验分析

（1）声明定义一个变量 n 代表计算 0 ～ n 内奇数、偶数之和。

（2）声明定义两个变量来存储奇数之和和偶数之和。

（3）使用 for 循环来计算 0 ～ 100 内奇数与偶数之和。

（4）奇偶数的判断使用 if..else 条件语句，如 i%2==0，其中“%”运算符是取模。

（5）循环计算时，使用“+=”赋值运算符来累加计算奇数和偶数之和。

3. 代码实现

```
<html>
  <body>
    <script type="text/javascript">
      var n = 100;                          // 声明变量 n，代表所求奇数和偶数之和的范围
        var sumOdd = 0,sumEven = 0;         // 累加奇数和偶数之和的变量
        for(var i = 0; i<=n;i++){
         if(i%2==0){                        //% 取模判断是否为偶数
           sumEven+=i;
         }else{
           sumOdd+=i;
         }
      }
```

```
        document.write(n+" 以内奇数之和为："+sumOdd+"<br>");
        document.write(n+" 以内偶数之和为："+sumEven+"<br>");
    </script>
  </body>
</html>
```

4. 实验总结

本实验主要目的是为了巩固对 JavaScript 运算符、循环语句、条件语句的运用，综合运用 JavaScript 语法实现了简单的流程控制。

4.3 Packet Tracer 编程入门

4.3.1 Packet Tracer 支持的可编程中央控制部件

Packet Tracer 模拟器提供两款可编程中央控制部件：MCU 和 SBC，它们可在 Components 部件图标下找到，如图 4.3.1 所示。通过 MCU 和 SBC，不仅可以编程实现对 PT 提供的各种终端的控制，还可以通过无线网络与外部设备连接，实现虚拟与现实的互通与相互控制。

图 4.3.1　PT 提供的可编程中央控制部件

1. MCU

MCU，即 Micro Controller Unit，微型控制器单元，就是单片机。它是把中央处理器 CPU 的频率与规格做适当缩减，并将内存、计数器、USB、A/D 转换、UART、PLC、DMA 等周边接口，甚至 LCD 驱动电路都整合在单一芯片上，形成的芯片级的计算机。

MCU 可以根据输入的数据，采取一定的控制逻辑，将控制数据输出到受控制的部件，使其完成相应的操作。因此，MCU 常用于各种一般控制领域，例如手机、PC 外围、遥控器，至汽车电子、工业上的步进马达、机器手臂的控制等。

PT 提供一款 MCU，可以模拟真实的 MCU，通过编程实现一般控制。但是它毕竟只是模拟器，只能提供有限的功能，不能完全与真实设备相比。

在 PT 模拟器中选中 MCU 图标，将其拖放到主界面中央。单击 MCU 图标，在弹出的窗口中选择 Physical 选项卡，可以看到 PT 提供的虚拟 MCU 的外观，如图 4.3.2 所示。

其中 D0 ～ D5 是 MCU 提供的 6 条数据线，用于连接 PT 中的虚拟终端设备。

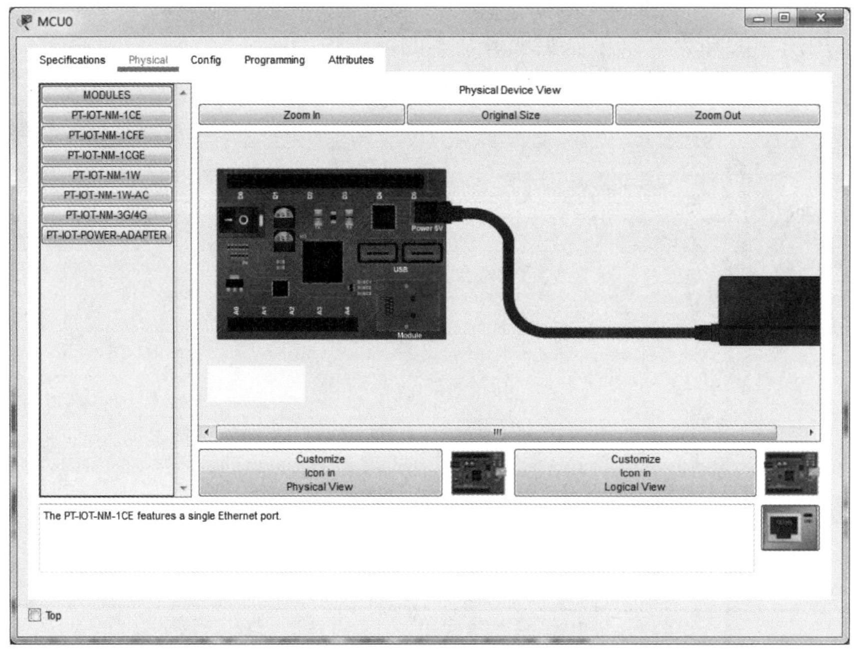

图 4.3.2　MCU 的外观

参见图 4.3.3 的方法，可以为 MCU 添加有线或者无线网卡，用于与 PT 中的虚拟设备或者外部真实设备的连接。

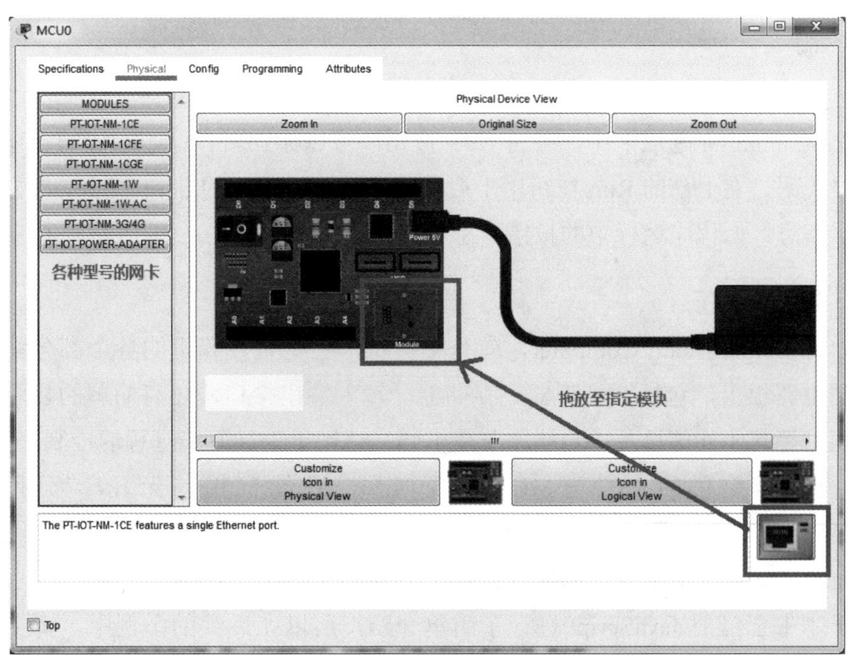

图 4.3.3　为 MCU 添加网卡

单击 Programming 选项卡即可打开 MCU 的编程界面，如图 4.3.4 所示，可以看到默认的程序设计语言是 JavaScript。在本章第二节已经对 JavaScript 的编程做了简单的介绍，运用所学的知识，就可以实现最基本的编程控制。

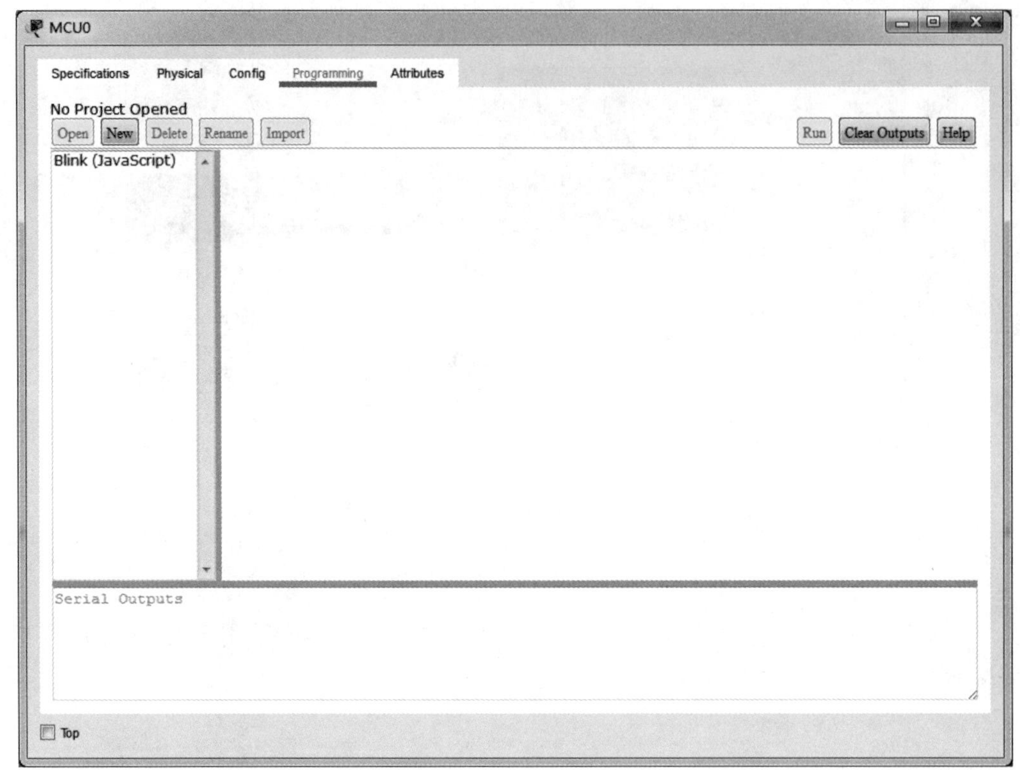

图 4.3.4　MCU 的编程界面

在 Programming 选项卡中，单击 New 按钮，可以添加新程序。右边的主窗口用于编写程序代码，右上部的 Run 按钮用于启动程序运行，下部的 Serial Outputs 窗口用于显示提示信息，如程序运行中的报错信息等。

2. SBC

SBC 即 Single Board Computer，就是单板机，它是将计算机的各个部分都组装在一块印制电路板上，包括微处理器、存储器、输入输出接口，还有简单的显示器、小键盘、插座等其他外部设备，功能比单片机强，适用于进行生产过程的控制。

PT 模拟器提供的 SBC 与 MCU 外观相似，功能也相差无几，都可以通过 Programming 选项卡编写程序，以实现对各种内外部设备的控制。所不同的是，SBC 的 Programming 选项卡下默认的编程语言是 Python，如图 4.3.5 所示。

由于本书已经对 JavaScript 进行了简单介绍，所以在后续的举例中，将主要采用 MCU+JavaScript 来实现逻辑控制。

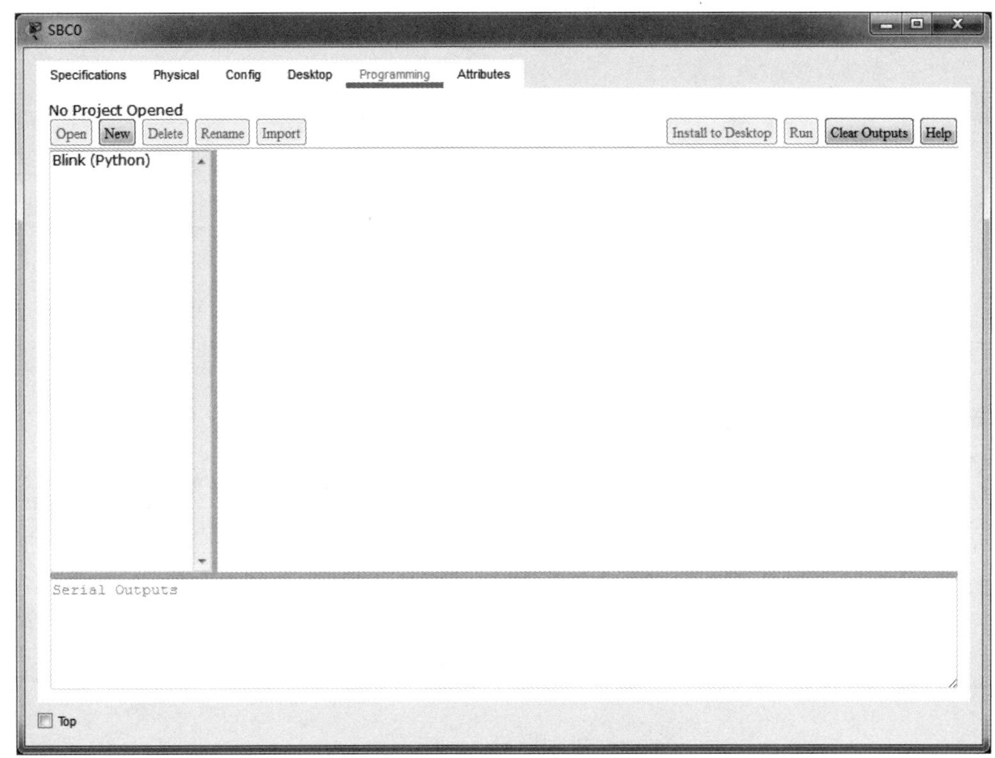

图 4.3.5　SBC 的编程界面

4.3.2　PT 编程实例

智能控制编程主要有三个关键问题，一是中央控制单元与终端部件的连接，二是终端部件的输入输出访问方式，三是控制逻辑。解决好这三个关键问题，就可以轻松实现简单的控制。

本节将以一个智能报警灯为例来讲解 PT 编程的关键问题。

1. 中央控制单元与终端部件的连接

本例中将用到的中央控制单元是 MCU，用到的终端部件是报警灯和开关。

首先，登录 PT 模拟器，将 MCU、报警灯和开关分别添加到主界面中央。

以上设备并非通过网线相连，PT 提供了 IoT Custom Cable，即物联网客户电缆，来实现终端部件与 MCU 的相连，如图 4.3.6 所示。各终端设备需要通过 IoT Custom Cable 连接到 MCU 的数据线端口 D0 ～ D6。选中 IoT Custom Cable，将报警灯连接到 D0，开关连接到 D1，这样就完成了设备的物理连接，如图 4.3.7 所示。

2. 终端设备的输入输出访问方式

任何一个智能化系统，都是将输入设备获取的数据通过传输媒介传送到智能处理单元，经过一定的控制逻辑处理，再将控制命令通过传输媒介输出到控制系统以实现相应的功能。所不同的只是复杂程度而已。

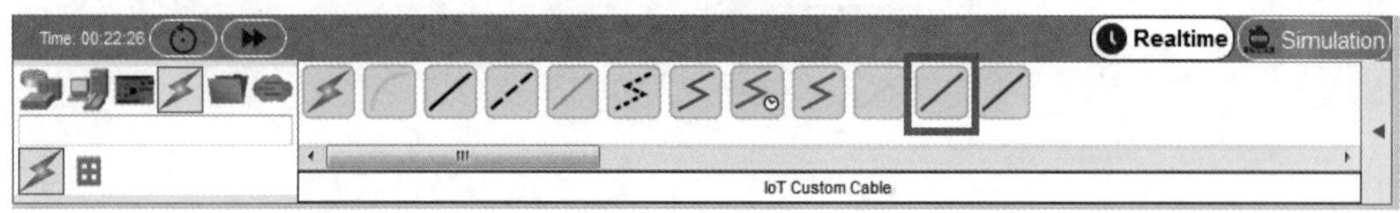

图 4.3.6　IoT 设备连接线

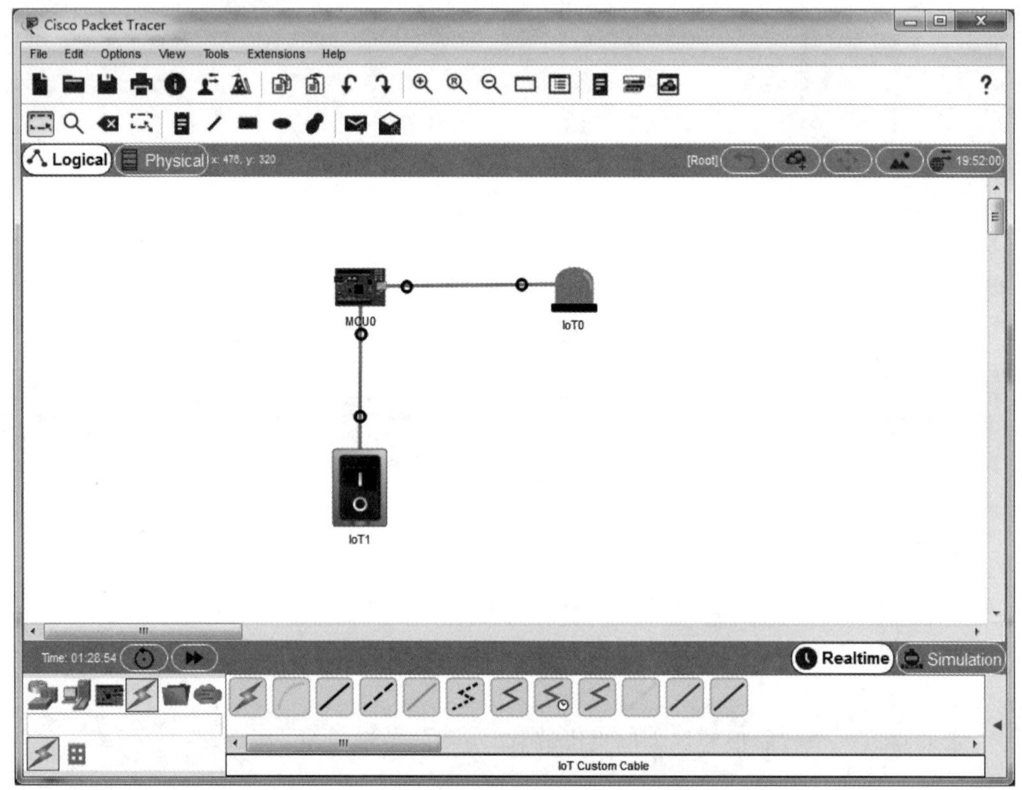

图 4.3.7　完成物理连接

即使简单如本例，也是通过读取开关的操作，实现对报警灯的控制。在本系统中，开关就是一个输入设备，MCU 需要读取其提供的数据来决定要采取的操作。当 MCU 确定了要采取的操作，则需要将控制命令发送给报警灯，这就需要了解终端设备的输入输出访问方式。

打开报警灯的 Specifications 选项卡，如图 4.3.8 所示，可以从 Local Control 看到其读写访问方式：将设备连接至 MCU 或 SBC，使用“digitalWrite”API 来写入。注意这些 API 都是区分大小写的。

但 PT 模拟器并没有把每个终端部件的读写访问方式都写得特别清楚。例如，单击开关，打开 specifications 选项卡，如图 4.3.9 所示，可以看到开关的各种特性。只在

Example 中提到，LED 若获取到 digital read 的 HIGH 信号，将点亮，否则熄灭。这提示我们可以通过“digitalRead” API 来访问它。

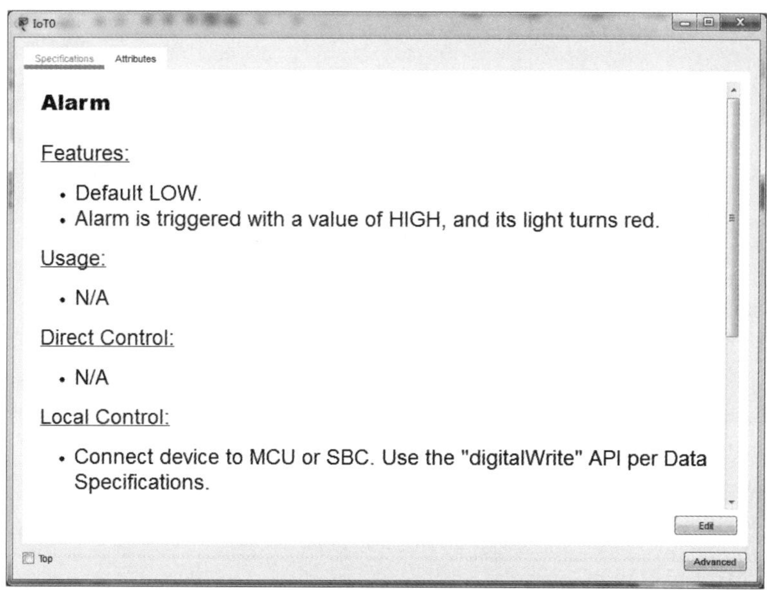

图 4.3.8 报警灯的 Specifications 选项卡

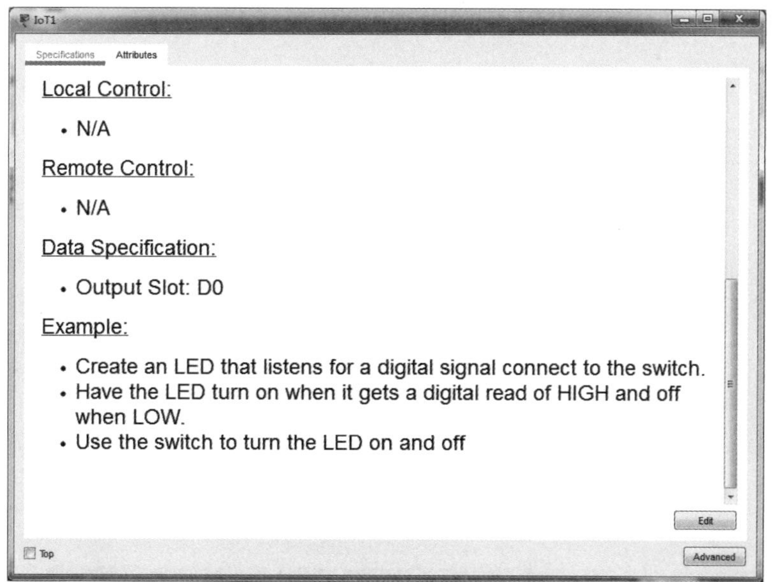

图 4.3.9 开关的 Specifications 选项卡

弄清了终端部件的访问方式，就可以编程实现控制了。

3. 控制逻辑

本例的控制逻辑非常简单，就是 MCU 读取开关的数据，如果读到 HIGH 信号，就向报警灯发出一个 HIGH 信号，控制点亮报警灯，反之则熄灭报警灯。这可以用 JavaScript 的 IF 条件判断语句实现。

```
IF 从 D1 读入 HIGH
  向 D0 写入 HIGH
ELSE
  向 D0 写入 LOW
```

创建变量 n 记录读入的数据。

打开 MCU 的 programming 选项卡，单击 New 按钮，创建新的程序 main.js。双击 main.js 进入编辑状态，在右边窗口可以看到提示行“1”，此时可直接在右边窗口输入程序。

在右边编辑栏输入以下代码：

```
var n=0;                    // 创建变量，用于存储读入的数据
while (true)                // 无限循环，以便可以反复执行，而不是执行一次就结束
{
  n=digitalRead(1);         // 从 D1 读入数据存放到变量 n
  if (n>0)                  // 判断读入的数据，若大于 0，则向 D0 写入 HIGH
    digitalWrite(0,HIGH);
  else                      // 反之，向 D0 写入 LOW
    digitalWrite(0,LOW);
}
```

代码输入完毕，单击 Run 按钮运行程序，如图 4.3.10 所示，可在下方状态栏看到运行状态。如果程序运行有错误，也可以在状态栏看到相关提示。

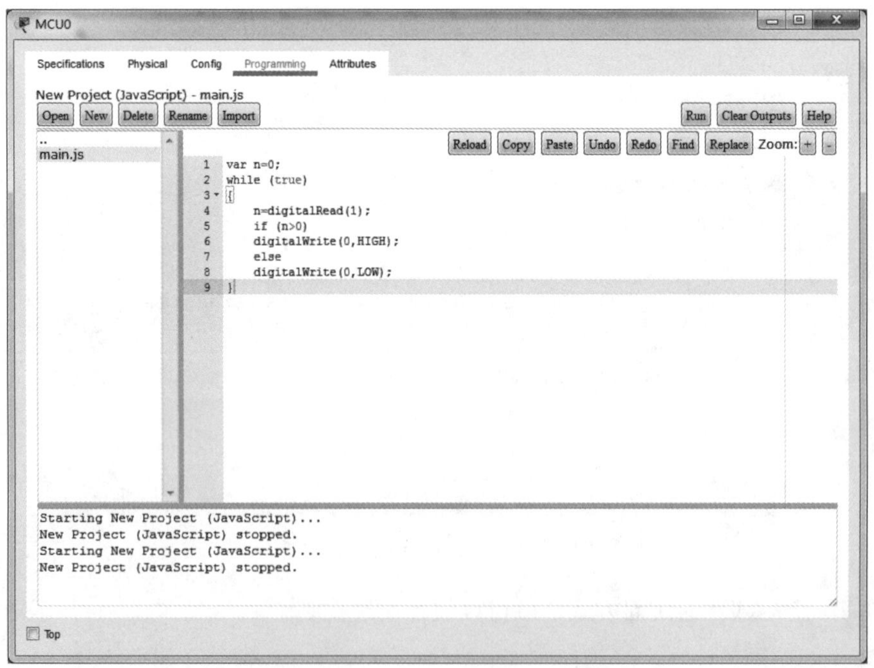

图 4.3.10　代码编辑窗口

回到主界面，按下 alt 键，同时鼠标单击开关，可以实现对开关的按下操作。这时可以看到报警灯变成红色亮起，再次单击开关（注意同时要按下 alt 键），报警灯熄灭，如图 4.3.11 所示。

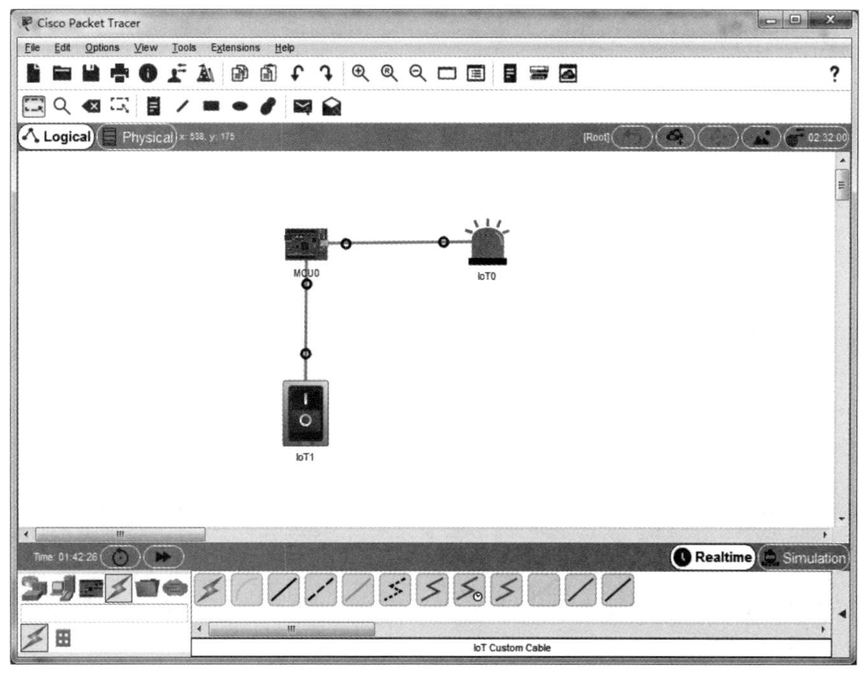

图 4.3.11　程序运行

4.4 思考题

1．在城市交通中，交通灯是必不可少的设施。但在交通繁忙的时候，交通灯也是容易产生拥堵的原因之一。编写简单的程序，实现一个交通控制逻辑，输入等候的车辆数：当车辆超过 5 辆时，开启绿灯；低于 5 辆时，开启红灯。

2．编写程序实现一个台灯控制逻辑：初始状态为台灯灭。当开关按下 1 次时，台灯打开，亮度为微亮，按下 2 次时，台灯亮度为亮，按下 3 次时，又转为微亮，按下 4 次时，台灯灭。注意开关每回只能按下 1 次。

3．在 PT 中实现第二题中的台灯控制逻辑。

第 5 章
硬件连接基础

通过本章的学习，您能够了解到：

1. 电路的组成，基本部件的使用。
2. 常见的智能化 IoT 套件的工作原理。
3. 常见的智能化 IoT 套件的使用方法。

5.1 电路基础

一般认为，软件是以计算机程序为代表的不以直接可见的形式存在的设备和部件，而直接可见的设备和部件都归入硬件范畴。智能化系统是由软件和硬件共同组成的复杂集合体，尤其是在设计和部署终端硬件设备和部件时，需要对电路知识有一定的了解。本节复习最基本的电路知识，以便后续进行简单的智能化系统终端的硬件连接。

5.1.1 电路的有关术语

1. 电流、电压和电阻

电子沿导线向一个方向运动形成电流，电流是驱动电路工作的主要动力。电流的大小用电流强度表示，其单位是安培，简称安，用符号 A 表示。如果电流很小，则用毫安（mA）和微安（μA）来计量，其换算关系为：

1A=1000mA

1mA=1000μA

电压是产生电流的根本原因。电流在电路中总是从电势高的地方向电势低的地方流动。两点之间的电势差，即为电压。如果没有电压，就不能产生电流。

电压的大小用伏特表示，简称伏，记作 V。通常用千伏（kV）表示很大的电压，用毫伏（mV）和微伏（μV）表示很小的电压，其换算关系为：

1kV=1000V

1V=1000mV

1mV=1000μV

如果电压的大小和方向都不随时间变化，称为恒定电压，或者直流电压。在直流电压下，电子只能向一个固定的方向运动，也就是说，电流的方向是恒定的。但如果电压的大小和方向随时间变化，则称为变动电压，或者是交流电压。这时，电流的方向是随着电压的变化交替变化的。在生活中，通常电池提供的电压是直流电压，而供给家用照明、空调和冰箱等电器用电的电压是交流电压。

电子在流动中遇到的阻力称为电阻。电阻的大小用欧姆表示，简称欧，记作 Ω。大的电阻用千欧（kΩ）或兆欧（MΩ）表示，其换算关系为：

1000Ω=1kΩ

1000kΩ=1MΩ

电阻的大小与器件的材质、结构密切相关。相同材质，相同结构和尺寸的器件，电阻是相同的。

2. 电功率

电功率是单位时间内电流所做的功，用瓦特来衡量，简称瓦，记作 W。由于电功率的值等于用电设备单位时间所消耗的电能的大小，所以有时候并不会严格区分这两个含义。当时间单位为 1 小时的时候，也会用千瓦 / 时或者瓦 / 时表示消耗的电能。

通常每个用电设备都有一个正常工作的电压值，称为额定电压。用电设备在额定电压下正常工作的功率叫作额定功率，在实际电压下工作的功率叫作实际功率。

电功率跟电压和电流成正比关系。

$$P = U \times I$$

其中，P 为功率；U 为电压；I 为电流。

在日常生活中，用电设备标称功率通常是额定功率。例如，电灯泡上标识的 220V-50Hz 3.5W 220lm 字样，220V-50Hz 表示额定电压是 220V，50Hz 交流电，额定功率是 3.5W，光通量是 220lm，如图 5.1.1 所示。

图 5.1.1　用电额定功率标识

用电设备只有在额定电压下才能正常工作。若实际电压比额定电压低，则用电设备不能正常工作。例如，电压达不到 220V，灯泡亮度就会较暗。但如果实际电压比额定电压高，则可能损坏用电设备，或者暂时虽然没有损坏，但长期使用会影响用电设备的寿命。

5.1.2 电路

1. 电路的组成

电路是由电源、连接器件和负载组成的闭合回路如图 5.1.2 所示。

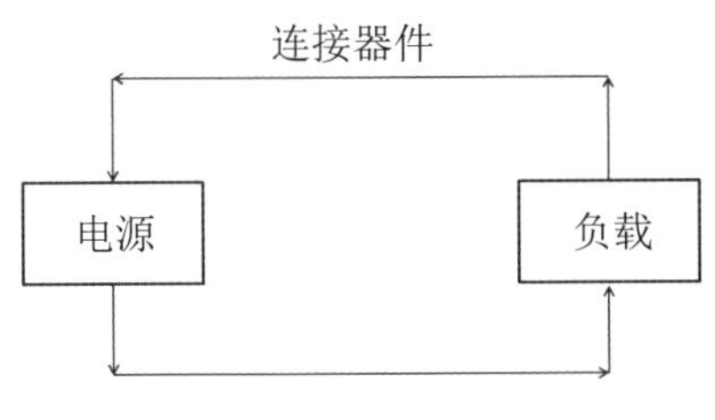

图 5.1.2 电路组成

其中，电源负责提供电路工作所需的电能。电池就是一种常见的电源。负载是消耗电能的器件，常见的器件如灯泡、电阻等，都是负载。连接器件负责将整个电路连接成为闭合回路。连接器件通常包括开关和导线，导线负责器件的连接，开关负责控制连接的通断。

电路要正常工作需要两个条件。一是电路中必须存在电压差，这样电荷才会从电压高处向电压低处运动，即产生电流；二是电路必须是闭合环路，这样电流才能持续。

2. 串联和并联电路

将各种电路元器件顺次首尾连接，形成的闭合电路就是串联电路，如图 5.1.3 所示。在串联电路中，电流只有唯一一条通路，开关可以在电路的任何位置控制电路。开关闭合，整个电路正常工作，开关打开，整个电路停止工作。电路的任何一处断开，整个电路都将无法工作。

串联电路中总电阻等于所有元器件的电阻之和，总电压等于各处电压之和。串联电路中各处电流相等。

并联电路如图 5.1.4 所示。并联的电路元器件之间，电流有两条或两条以上的通道。

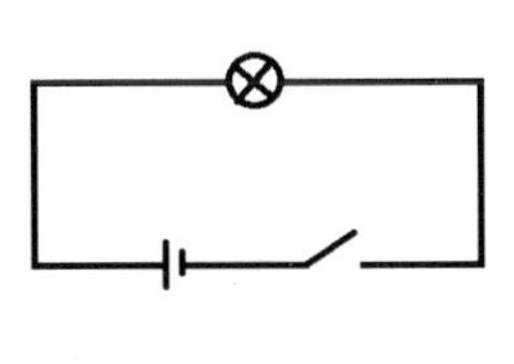

图 5.1.3 串联电路

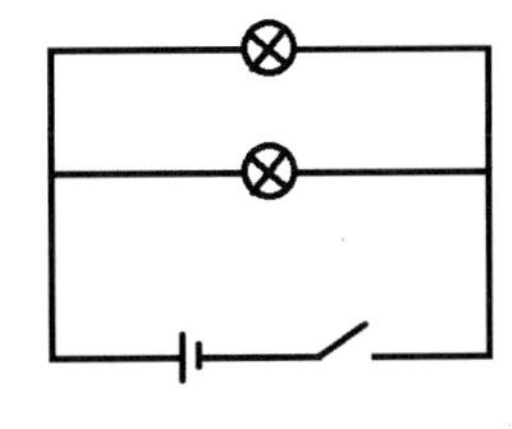

图 5.1.4 并联电路

在并联电路中，一条支路断开不会影响其余支路。并联的各个支路两端电压相同，各支路电流之和等于电路分支点的电流。

3. 欧姆定律

在同一电路中，通过某一导体的电流跟这段导体两端的电压成正比，跟这段导体的电阻成反比，这就是欧姆定律。欧姆定律是十九世纪初由德国物理学家欧姆发现的。为了纪念欧姆的贡献，物理学界将电阻的单位命名为欧姆。

欧姆定律用公式表示就是：

$$I = \frac{U}{R}$$

其中，I 表示电流，单位是安培，U 表示电压，单位是伏特，R 表示电阻，单位是欧姆。

5.1.3 电路搭建所需材料

1. 元件与器件

电子元器件分为元件与器件。元件是电路中的基本零件，器件常由几个元件组成，有时也把较大的元件称为器件。一般认为，元件对电压、电流无控制和变换作用；而器件对电压、电流有控制、变换作用，例如放大、开关、整流、检波、振荡和调制等。

元件主要包括电阻、电容、电感；而器件种类较多，例如双极性晶体三极管、场效应晶体管、可控硅、半导体电阻电容等都是器件。

2. 电路图

电路图是用电路符号来表示电路元器件连接方式的图，它体现了元器件相互连接的逻辑关系和工作原理，能极大地帮助技术人员分析电路的性能。

电路图由电路元器件符号、连线、节点和注释四大部分组成。元器件符号对应实际电路中的元器件，它是用简洁的符号形状表示电路中的实际元器件及其连接关系（图 5.1.5），所以尽管外形很不相同，但引脚的数量必须相同。连线和节点表示元器件的连接方式和连接关系，注释是对电路图具体情况的说明。

电路中的元器件众多，各种元件和器件的外观、性能都不相同。为了保证电路图的规范性，国家制定了电路元器件符号国家标准，有兴趣的读者可以进行专门的学习。

3. 面包板

面包板就是免焊接电路实验板。早期，由于元器件的体积都比较大，人们使用螺丝和钉子将其固定在切面包的板子上进行连接，这就是面包板名字的由来。后来元器件体积越来越小，树脂材料也替代了原来的木板，但是面包板这个名字一直被沿用下来。

面包板上有许多小插孔，可供电子元器件任意拔插，反复使用。此外还免除了焊接工序，节省了电路搭建所需时间，非常适合用于电路搭建实验。

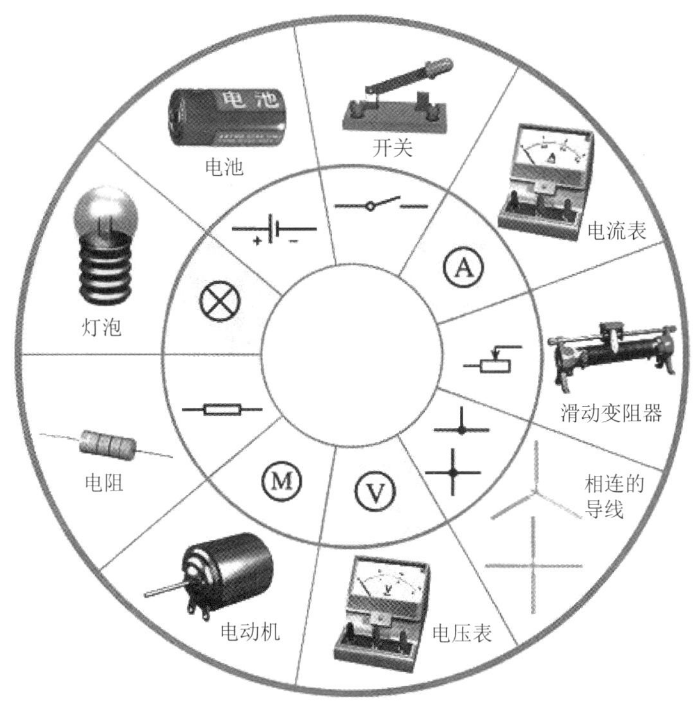

图 5.1.5 几种电路元器件图片及其符号

面包板形状和内部结构如图 5.1.6 所示。面包板的两边各有两条电源轨，每条电源轨由一系列 5 个一组的小孔组成，用于与电源相连。通常同一条电源轨的所有小孔之间都是连通的。标识“+”为正极，标识“-”为负极。

电源轨之间为接线轨，每个接线轨由 5 个一组的小孔组成。同一组小孔之间互相连通。

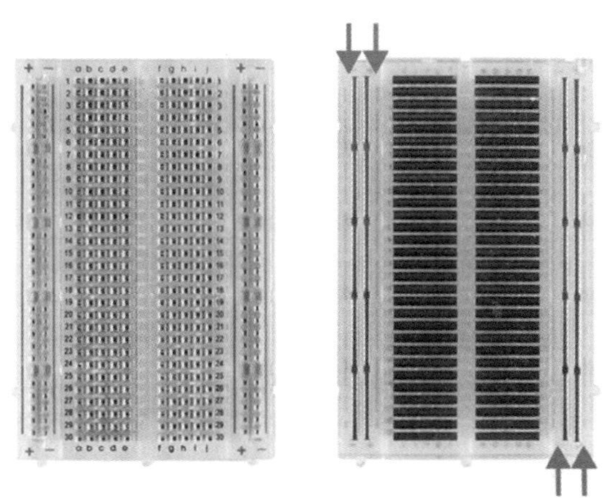

图 5.1.6 面包板形状和内部结构

4. 面包板专用导线

面包板专用导线是专门用于免焊接电路实验的导线，如图 5.1.7 所示。它两端的引脚是特制的，适用于插入面包板进行电路连接。面包板专用导线根据需要长度各不相同，颜色也是五彩缤纷，不过通常使用红色导线连接电源正极，用黑色导线连接电源负极。

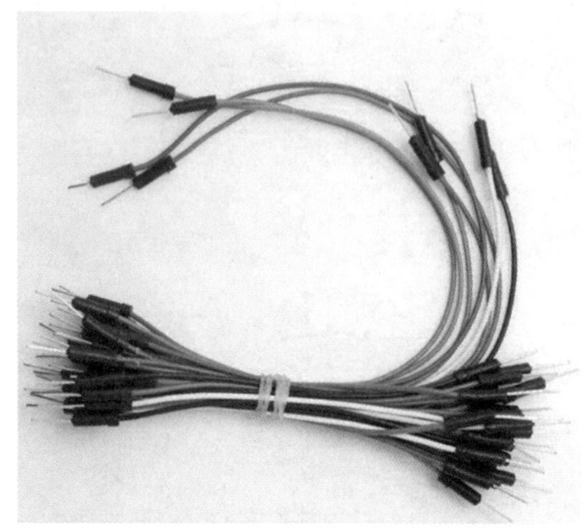

图 5.1.7 面包板专用导线

其实即使没有面包板和专用导线，也可以通过焊接将各种元器件连接起来，实现简单电路的搭建实验。

一般来说，电路搭建实验通过，就可以设计印刷电路板，做生产的准备了。当然，真正的电路设计，流程虽然相似，但电路却复杂很多，有兴趣的读者可以在今后深入学习。

5.2 智能化技术实验套件

本书的 4.3 节介绍了 Packet Tracer 模拟器中提供的 MCU 和 SBC，通过对 MCU 和 SBC 编程可以实现简单的智能控制，但那毕竟是虚拟的。事实上 MCU 和 SBC 并不能单独工作，必须配套相应的电子元器件，做成电路套件，以便用户使用。

目前市面上有不少简单且小型的 MCU 和 SBC 套件，可供开展智能化技术实验，实现简单而真实的智能控制。各款产品的组成原理都很相似，套件中基本上都包含电源、CPU、I/O 接口等部件，一般可以安装液晶显示、Wi-Fi 等模块。可以通过编程，实现简单的智能化系统控制。

MuseLab 就是一款简单的入门级智能化技术实验套件，可实现简单的 IoT 智能控制。其官网 https://muselab.cc/ 上，有产品购买方式，实验指南等。MuseLab 实验套件如图 5.2.1 所示。

图 5.2.1 MuseLab 实验套件

一般来说，这类套件的控制思想可以归纳为四个步骤：首先是读取输入的数据，这些数据一般来源于数据输入设备，通过 I/O 接口输入。其次根据输入的数据，执行事先依照控制逻辑编写好的程序，明确控制操作。第三步是将控制指令输出到相应位置，例如 I/O 接口或者显示芯片等，以完成相应的控制操作。第四步并非必须，即观察控制结果，以确定是否达到控制目标。若没有达到控制目标，可能需要重新执行控制操作，如图 5.2.2 所示。

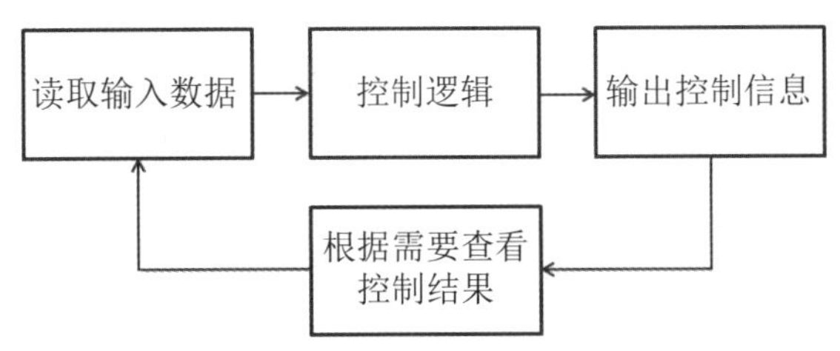

图 5.2.2 MCU 套件实现控制思想

Muselab 的编程控制通过 MicroBit 网站，使用图形化编程语言或者 JavaScript 语言实现。在浏览器地址栏输入 https://makecode.microbit.org/#，如图 5.2.3 所示，可以登录 MicroBit 网站。

首先需要添加 Muselab PXT 包。单击新建项目图标，创建项目。需要单击“高级”菜单项，打开高级栏目，单击其中的“扩展”菜单项，打开扩展包搜索页面，如图 5.2.4 所示。

在搜索栏输入 muselab，单击旁边的放大镜按钮，可以搜到 wifi-shield 包，如图 5.2.5 所示，单击将其加入编程环境。

图 5.2.3　MicroBit 网站

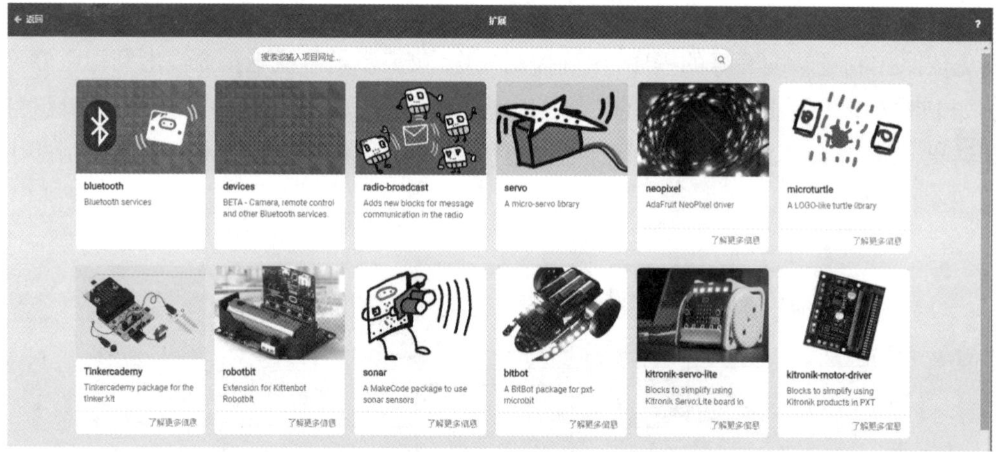

图 5.2.4　扩展包搜索

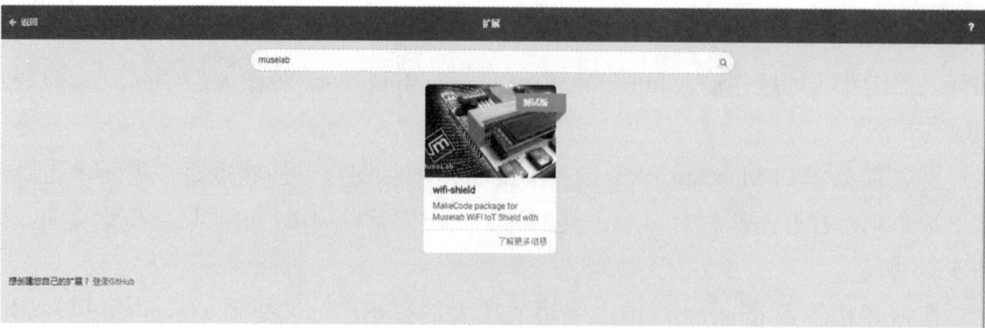

图 5.2.5　wifi-shield 包

此时如果可以看到 Muse21，MuseCity 等菜单项，即为添加成功，如图 5.2.6 所示。

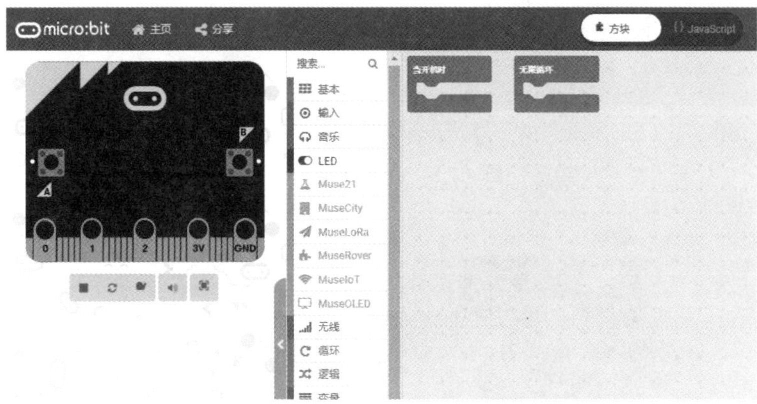

图 5.2.6 编程环境添加成功

5.2.1 实现简单输出

Muselab 套件自带一个很小的液晶显示器，可以作为输出设备，来实现简单的输出。例如，要在液晶显示器输出一个“Good Morning!”字符串。

编程环境添加成功后，可以看到 MuseOLED 菜单项，如图 5.2.7 所示。

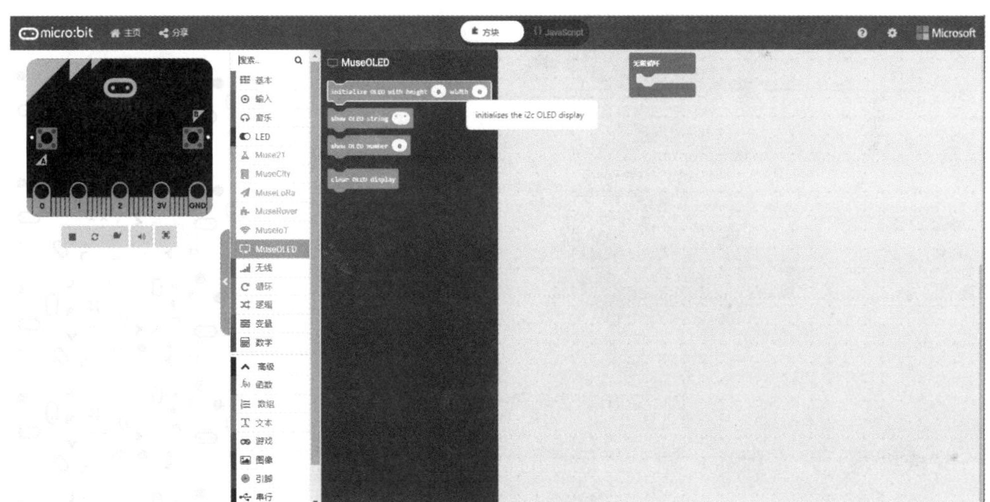

图 5.2.7 MuseOLED 菜单项

首先需要进行初始化，选中其中的“initialize OLED with height()width()”图标，将其拖放到“当开始时”图标中央，输入初始化值：height 为 32，width 为 128，如图 5.2.8 所示。

接下来将“show OLED string( )”图标拖放到初始化图标下方。输入要显示的字符串：“Good Morning!”，如图 5.2.9 所示。

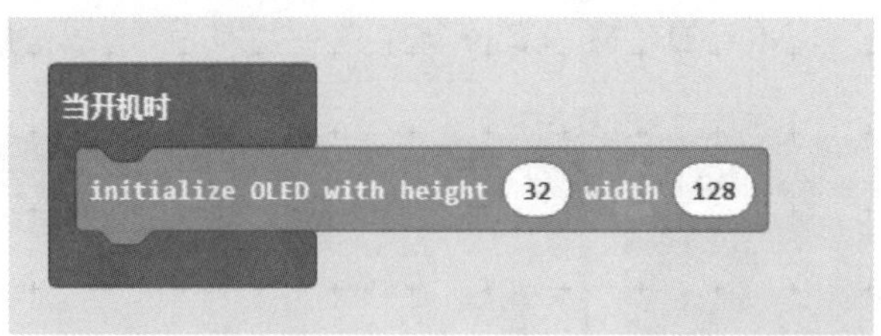

图 5.2.8　OLED 初始化

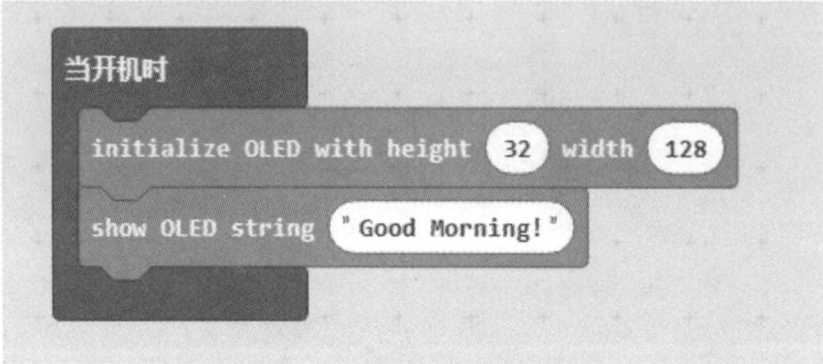

图 5.2.9　输入要显示的字符串

选中“基本”菜单项中的暂停图标，拖放到字符串下方，以确定字符串显示时间长度，最后拖放“Muse OLED”菜单项中的“clear OLED display”图标，以清除字符串，如图 5.2.10 所示。

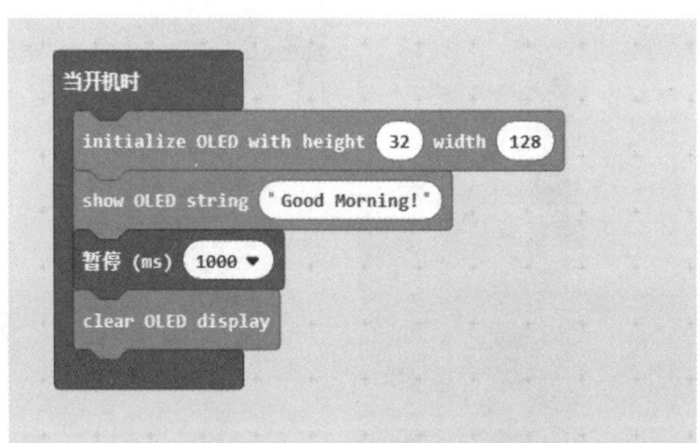

图 5.2.10　实现简单输出的图形编程

完成编程后，在保存栏输入要保存的文件名字，单击保存按钮，保存文件，如图 5.2.11 所示。

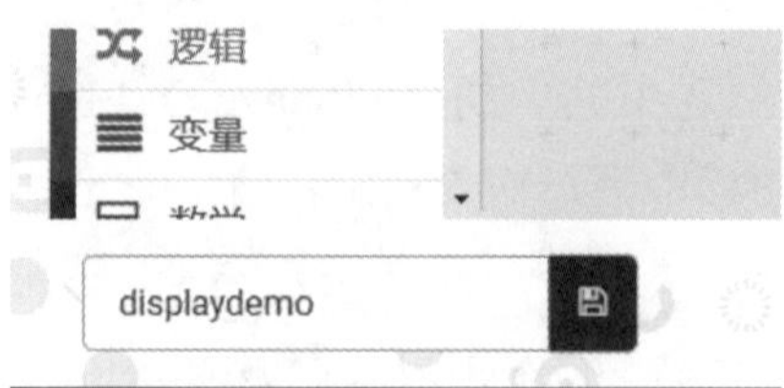

图 5.2.11　输入名字保存文件

单击它旁边的下载按钮，将文件下载到本地电脑，这是一个 .hex 文件。使用 USB 转接线将 MuseLab 套件连接到电脑，可以看到本地电脑会增加一个 USB 驱动器，将刚才下载的 .hex 文件拖放到 USB 驱动器下，断开 USB 连接，打开 MuseLab 套件电源，程序即可执行。

5.2.2　使用 I/O 接口

MuseLab 套件提供 4 个 I/O 接口，如图 5.2.12 所示。

图 5.2.12　MuseLab 套件的 I/O 接口

对 I/O 接口的访问可以通过“引脚”菜单项进行，如图 5.2.13 所示。

图 5.2.13　引脚菜单项

5.2.3　连接 Wi-Fi

MuseLab 提供无线模块，可以连接到 Wi-Fi，并通过 Wi-Fi 实现与计算机的连接以及远程控制。在 MuseIoT 菜单项下提供了“Initialize Muselab wifi booster and OLED”“Set wifi to ssid pwd”两个图标，用于完成连接到 Wi-Fi 任务，如图 5.2.14 所示。

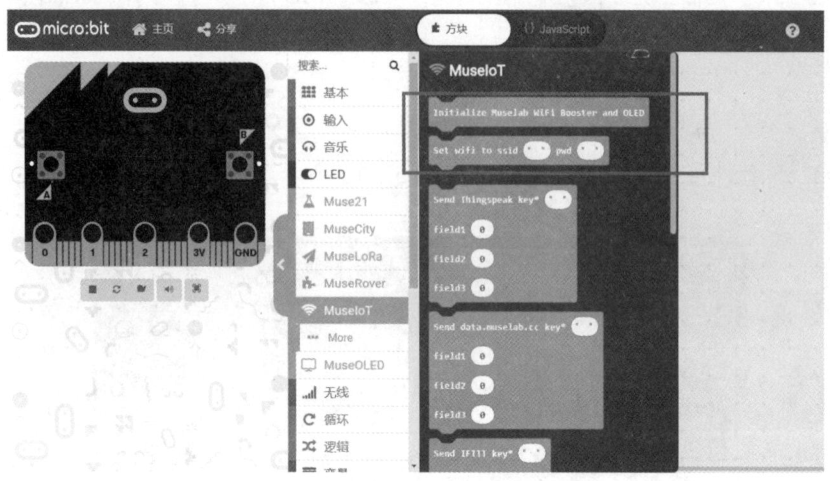

图 5.2.14　连接到 Wi-Fi

同类的 MCU 套件市面上还有一些，原理和用法都相似，在此不一一赘述。

5.3 用 Packet Tracer 连接外部硬件

Packet Tracer 可以通过网络连接外部硬件，实现互相控制。以 MuseLab 套件为例，当 MuseLab 套件与 Packet Tracer 所在电脑连接到同一网络中时，Packet Tracer 即可通过模拟器中的 MCU 或者 SBC，实现与 MuseLab 的连接，从而实现与外部硬件的连接和相互控制。

由于 Python 语言提供丰富强大的库文件，又简单易用，目前是智能化控制，尤其是人工智能技术的首选语言。Packet Tracer 也提供 Python 语言编程环境，通过 Python 可以方便地实现与外部硬件的连接和控制，有兴趣的读者可以在今后深入学习。

以下是实现 Packet Tracer 与 Muselab 连接，通过模拟器中的开关，控制连接在 Muselab 上的风扇转动的一个实例，拓扑结构如图 5.3.1 所示。

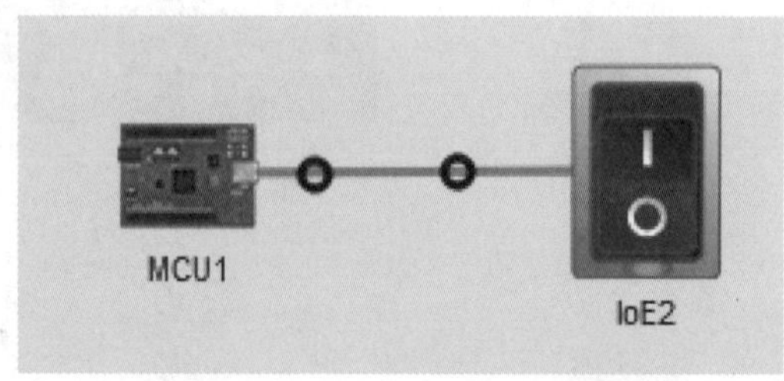

图 5.3.1　Packet Tracer 内部连接拓扑

在 MCU 中采用 Python 语言编程实现对外部硬件的控制，如图 5.3.2 所示。

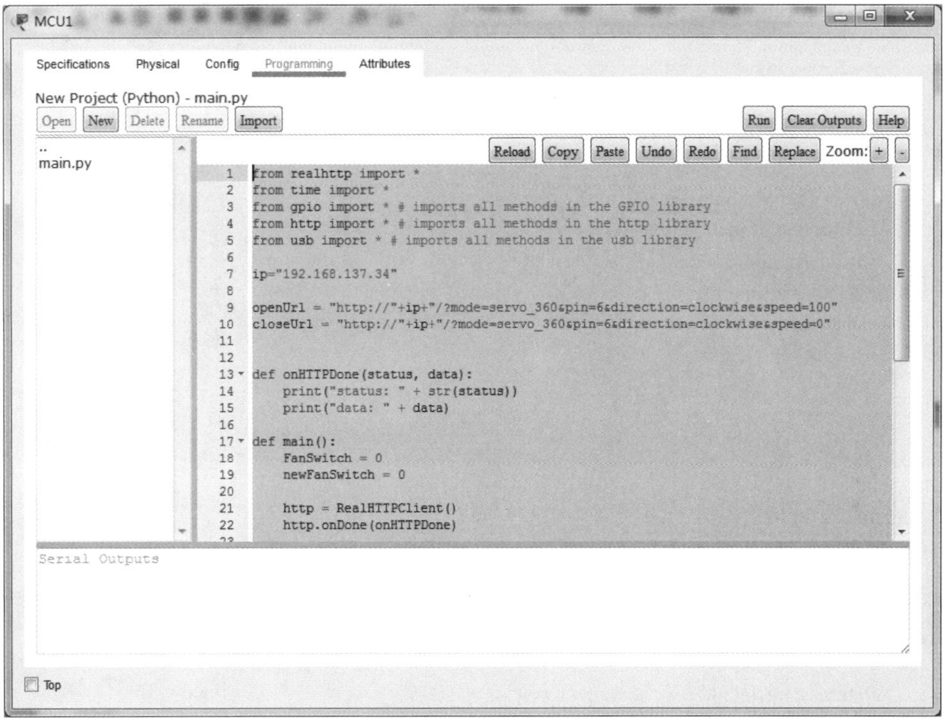

图 5.3.2　MCU 采用 Python 编程

其具体代码如下：

```
from realhttp import *
from time import *
from gpio import * # imports all methods in the GPIO library
from http import * # imports all methods in the http library
from usb import * # imports all methods in the usb library

ip="192.168.137.34"

openUrl = "http://"+ip+"/?mode=servo_360&pin=6&direction=clockwise&speed=100"
closeUrl = "http://"+ip+"/?mode=servo_360&pin=6&direction=clockwise&speed=0"


def onHTTPDone(status, data):
    print("status: " + str(status))
    print("data: " + data)

def main():
    FanSwitch = 0
    newFanSwitch = 0

    http = RealHTTPClient()
```

```
    http.onDone(onHTTPDone)

    # don't let it finish
    while True:
        newFanSwitch = digitalRead(0)

        print("FanSwitch: " + str(FanSwitch))

        if (newFanSwitch != FanSwitch):
            FanSwitch = newFanSwitch
            if FanSwitch > 0 :
                http.get(openUrl)
            else :
                http.get(closeUrl)

        delay(500)

if __name__ == "__main__":
    main()
```

5.4 思考题

1．画出教室的照明电灯连接电路逻辑图。

2．使用面包板实现一个开关控制小电珠的电路。

3．如果有条件，使用智能化套件实现简单的控制。

第 6 章
简单的智能化系统设计

学习目标：

通过本章的学习，您能够了解到：

1. 智能化系统设计的步骤。
2. 原型的概念，如何利用 Packet Tracer 模拟器实现简单的智能控制系统原型。

6.1 智能化系统设计的步骤

智能化系统结合了硬件、软件和网络通信技术，其建设过程基本遵循工程类项目的建设流程，分为需求分析、系统设计、项目实施、系统测试和系统维护等阶段。但大型的智能化系统由于投资巨大，要通过建立原型评估设计性能，因此在项目实施前，还需要增加建立原型这个阶段。

6.1.1 需求分析

需求分析的目的是理清现状，明确建设目标，确定建设内容。需求分析的水平决定了智能化系统设计的优劣。需求分析做得透彻，系统设计就会较为准确。因此常常把需求分析列为智能化系统设计最重要的环节。

1. 需求分析的内容

智能化系统需求分析需要从智能化系统的几个组成部分入手，分别对照现有状况和建设目标，调查以下几个方面的内容：

（1）智能化系统的数据获取系统。这包括现有的数据获取手段有哪些？其部署位置在哪？其精确度是否能满足要求？是否具有重复利用的价值？需要增加哪些数据获取的手段？有什么样的要求？需要部署在什么位置？这些位置是否具有部署条件？需要的数量是多少？等等。

（2）智能化系统的控制系统。这包括现有的控制手段有哪些？其部署位置和精确度是否满足要求？是否需要重复利用？需要增加哪些控制设备和控制手段？达到什么样的控制目标？它们将部署在什么位置？这些位置是否具有部署条件？数量的要求？等等。

（3）智能化系统的智能处理中心。这包括智能处理中心的建设现状如何？已有设备是否需要重复利用？需要新增哪些软硬件设备才能实现建设目标？智能处理中心的部署位置在哪？是否能够满足其建设要求？是否便于智能化系统的建设和维护？

（4）智能化系统的通信系统。除了对通信系统的现状和重复利用的价值进行了解之外，还需要从人与人（P2P）、人与机器（P2M）和机器与机器（M2M）三个方面了解通信的需求，以便于系统的设计。

（5）其他相关内容。这主要包括：经费预算情况、环境准备情况和人员准备情况（包括人员思想、技术以及管理措施的准备）。

2. 需求分析面临的困难

需求分析并不是一件简单的事情。在进行需求分析的过程中，常常面临的困难如下：

（1）用户无法清晰描述需求。需求分析调查的主要对象就是用户，但通常用户不清楚需求，或者是有些用户虽然心里非常清楚想要什么，但却表述不清楚。特别是有些用户“不懂装懂”或者“半懂充内行”，往往提出不切实际的需求，这就要求需求分析人员有较强的沟通和协商技巧，争取最终和用户达成一致的认识。

（2）需求自身常常变动。需求自身常常会变动，这是很正常的事情。需求分析人员要先接受“需求是变化的”这个事实，才不会在需求变动时手忙脚乱。因此，在进行需求分析时应注意区分哪些是稳定的需求，哪些是易变的需求。要将设计的基础建立在稳定的需求上，明确体现在双方签订的合同中。

（3）不同的人对需求的理解有偏差。用户表达的需求，不同的分析人员可能有不同的理解。如果需求分析人员理解错了，可能会导致智能化系统的设计走入误区。所以需求分析人员写好需求说明书后，务必要请用户方的各个代表验证。

通过准确的需求分析，不但可以帮助更客观地做出设计决策，更重要的是能够依照用户的需求，提供合适的资源，获得更高的性价比。

6.1.2 系统设计

当需求分析完成后，就可以进入系统设计阶段了。在这个阶段，从智能化系统的四个组成部分入手，对系统进行设计。一般来说，参照常见信息系统工程的设计方法，将系统设计分为总体设计和详细设计两个阶段。

1. 总体设计

总体设计就是对全局问题的设计，也就是设计系统总的方案。在总体设计阶段，需要明确智能化系统的实现方案。

首先，根据智能化系统的需求，明确智能化系统的组成结构和它们的功能。其次是确定智能化系统各组成部分之间的相互关系及其关联方式。最后，要从以下几个方面评价总体设计：

（1）是否满足了全部需求。

（2）是否在预算范围内。

（3）技术路线是否清晰。

（4）设计方案是否可行。

（5）是否便于维护。

2. 详细设计

在详细设计阶段，需要完成每一个部分的具体实现方式。一般认为智能化系统是由智能处理中心、数据获取系统、控制系统和通信系统四大部分组成的。有时会将控制系统和数据获取系统融为一体，结合起来进行设计。小型的智能化系统也可能将多个组成部分集成在一起，就不需要单独进行设计了。

（1）智能处理中心。大型的智能处理中心由硬件和软件两大部分组成。在硬件设计时常常会参照数据中心的建设理念，依托云计算技术进行设计；而在软件设计时，常会采用大数据技术，来提升智能化系统的处理能力。

（2）数据获取系统。明确数据获取的手段，根据需求确定数据获取系统部署的位置和方式，明确数据获取系统和智能处理中心的关联方式，给出设计图纸。

（3）控制系统。明确控制的内容和方式，确定控制系统的部署位置，明确控制系统和智能处理中心的关联方式，给出设计图纸。

（4）通信系统。明确整个系统的通信方式，给出设计图纸。

3. 建立原型

可以认为原型是智能化系统的实现模型，用于评估系统性能和进一步完善智能化系统。在完成系统设计，进行正式实施之前，建立原型是十分重要的步骤。但原型的建立需要资金和技术的支持。尤其是智能化技术仍然处在快速发展的阶段，许多新的想法并没有机会直接得到实施，只能先建立原型进行评估。

在智能化系统中，计算机是十分必要的物理设备。但在建立原型时，为了节省资金和简化操作，常常会采用一些开源的 MCU 或者 SBC。

Arduino 不仅提供一个开源物理计算平台（基于简单的微控制器板 MCU），还同时提供一种开发环境(用于为此板编写软件)，如图 6.1.1 所示。它还可以开发交互对象，通过各种交换机或传感器读入或输出数据，以控制灯光、电机和其他物理对象。尽管 Arduino 并不算传统意义上的计算机，但是它功耗低、功能强，能够高效地控制其他设备，因此许多智能化系统原型，甚至某些小型的智能化系统，会使用 Arduino 作为智能处理中心。目前国内各大电商平台也有不少 Arduino 套件出售，价格从百元至千元不等。

Raspberry Pi（树莓派）由注册于英国的慈善组织“Raspberry Pi 基金会”开发，是一种低成本、信用卡大小的计算机，称为卡式计算机。其外形只有信用卡大小，但却具有电脑的所有基本功能，如图 6.1.2 所示。

树莓派可连接到计算机显示器或电视机进行输出显示，并可以使用标准键盘和鼠标进行输入操作。它可以执行计算机能做的所有操作，从浏览 Internet 和播放高清视频，到制作电子表格、文字处理和玩游戏，当然也包括成为智能化系统的智能控制中心。

树莓派采用 ARM GNU/Linux 发行版操作系统，支持 Ubuntu 甚至 Windows10 操

作系统，支持 Python 作为主要编程语言。

图 6.1.1 Arduino 控制器板

图 6.1.2 Raspberry Pi 卡式计算机

树莓派采用授权许可生产模式，国外有三家公司获得许可。2013 年 2 月国内厂商深圳韵动电子取得了该产品在国内的生产及销售权限，成为国内首家获得树莓派生产许可的企业。目前树莓派及其配套部件在国内各大电商平台均有出售，价格也在百元至千元之间。

BeagleBoard 是德州仪器与 Digi-Key 和 Newark 公司联合生产的低功耗开源 SBC（单板计算机）。它与 Raspberry Pi 的尺寸、功率要求和应用程序相似，如图 6.1.3 所示。但比 Raspberry Pi 的处理能力更强大，常用来应对具有较高处理要求的应用程序，可用于建立更为复杂的智能化系统原型。

图 6.1.3　Beagleboard

6.2 用 PT 实现智能化系统原型

作为一款功能强大的仿真模拟软件，PT 可以用来模拟简单的智能化系统原型。

本节以一个葡萄酒厂智能化系统为例，介绍用 PT 实现智能化系统建立原型的过程。传统的葡萄酒厂常常采用葡萄酒庄模式，即从葡萄的种植开始，到葡萄的采摘、加工，葡萄酒的酿造、销售，均由葡萄酒厂自行完成。特别是在传统的葡萄生产和葡萄酒酿造的过程，通常是靠经验来进行，有时就无法保障品质。葡萄酒厂为了提高生产效率和产品质量，提升消费者体验，决定建立智能化系统。

6.2.1　原型建立前的准备

任何一个原型建立之前，需求分析和系统设计都是必不可少的。

1. 需求分析

葡萄酒厂需要对庄园的葡萄生产进行实时管理，包括日常监控、灌溉和采收。此外，还需要根据葡萄的生产状况，选择合适的时间进行修剪，以提高葡萄的产量和所生产葡萄的品质。

在进行葡萄园智能化系统的需求分析时，可以根据葡萄生产的过程，从智能化系统的四个组成部分来确定需求：

（1）数据获取系统：在葡萄生产过程中，需要获取葡萄生产条件的数据，例如温度、湿度、风速、光照等，这些数据主要通过各种相应的传感器来获取。此外，还需要获取葡萄生长情况的数据，来确定何时进行修剪，何时是采收的最佳时机，以增加产量和提高品质，这些也是通过相应的监测设备获取的，如图 6.2.1 所示。

图 6.2.1 数据获取与控制需求分析图

（2）控制系统：需要根据获取的葡萄生长状态和土壤水分的情况，控制灌溉系统进行自动浇水和施肥。

（3）智能控制中心：储存并分析获取的数据，根据预设的参数，向控制系统发出指令进行浇水或者施肥，向葡萄园管理者报告葡萄园生产状况，提示修剪和收获，如图 6.2.2 所示。

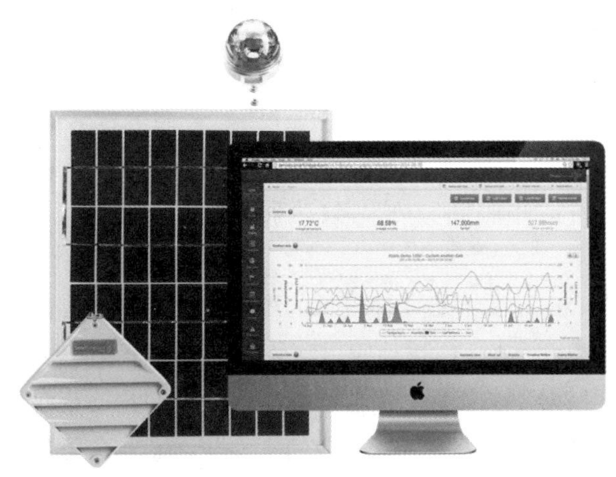

图 6.2.2 智能控制与分析系统

（4）通信系统：由于在葡萄园中部署有线网络有较大的难度，因此数据获取系统各传感器和控制系统各致动器与智能控制中心的通信需要通过无线方式进行，而智能控制中心与葡萄园管理者之间的通信可以通过互联网来实现。

2. 系统设计

（1）总体设计。根据需求对葡萄园智能化系统进行总体设计。明确其中的信息传递路径，有助于系统的总体设计，如图 6.2.3 所示。

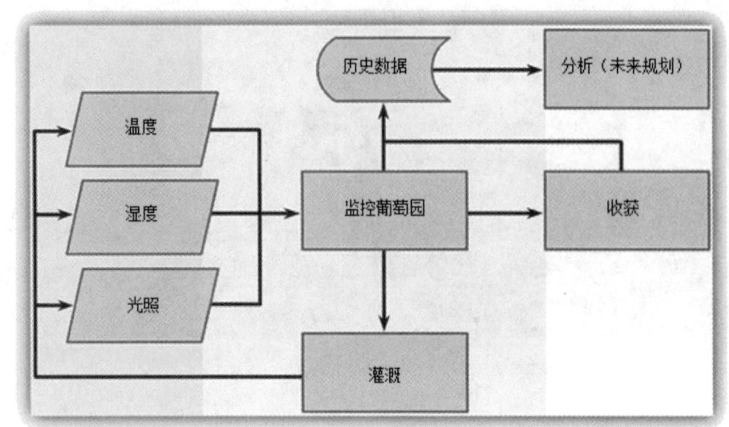

图 6.2.3　葡萄园智能化系统总体设计图

葡萄园中的温度、湿度、光照传感器用于监控葡萄的生长条件，并将信息传递到智能处理中心，智能处理中心根据预设的参数，控制葡萄园中的致动器进行灌溉和施肥。经过灌溉和施肥，葡萄园的湿度、温度等情况会产生变化，这些信息又将传递到智能处理中心。智能处理中心对葡萄的生长数据进行分析，向管理员提示修剪和收获的时间，并帮助管理员制订未来的规划。

（2）详细设计。根据需求分析和总体设计，对葡萄园智能化系统的各部分进行详细设计。

对于数据获取系统，需要明确温度、湿度、风速、光照等传感器的数量和部署位置，以及它们的数据传输方式、供电方式，并给出相应的施工图纸。

对于控制系统，需要明确控制方式，致动系统的部署位置和数据传输、供电方式，并给出相应的图纸。

对于智能控制中心，需要给出硬件设备的型号、数量和连接拓扑，以及所需系统软件和平台软件的型号和版本，所设计应用软件的详细设计说明书。

对于通信系统，根据需求分析，葡萄园智能化系统的数据获取系统和控制系统与智能处理中心的通信都是通过无线方式实现的。因此，需要在葡萄园的范围内部署无线网络。这就需要给出明确的覆盖范围和容量，确定无线接入点的部署位置和部署方式并给出无线网络部署的物理拓扑图。

6.2.2　用 PT 建立原型

葡萄园数据获取系统主要负责监控葡萄园中环境的指标，提供给智能处理中心进行分析，并根据预设的参数将控制信息传递给致动器，达到自动灌溉的目的。

PT 能提供湿度、温度、水位高度等传感器，可以模拟葡萄园智能化系统的数据获取方式。

单击界面左上部灰色的 Physical Workspace 选项卡（如箭头所指），进入物理环境界面，如图 6.2.4 所示。

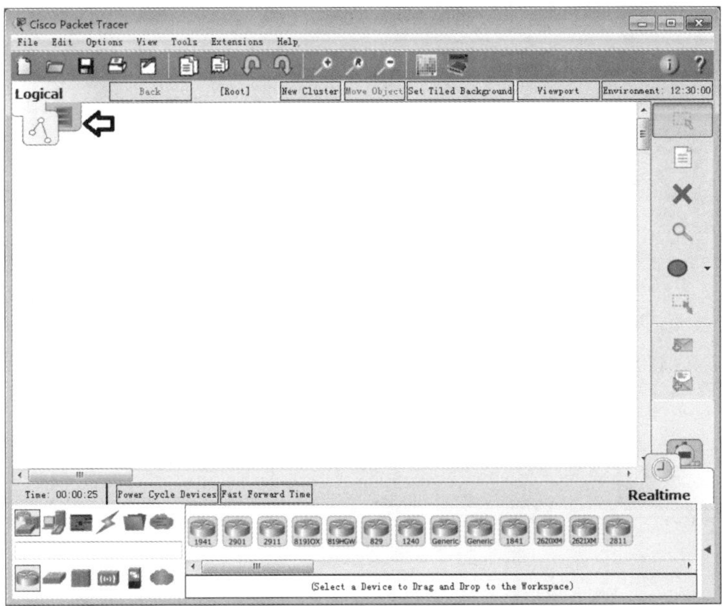

图 6.2.4 物理环境界面

可以看到当前所在地为 Home City，如图 6.2.5 所示。

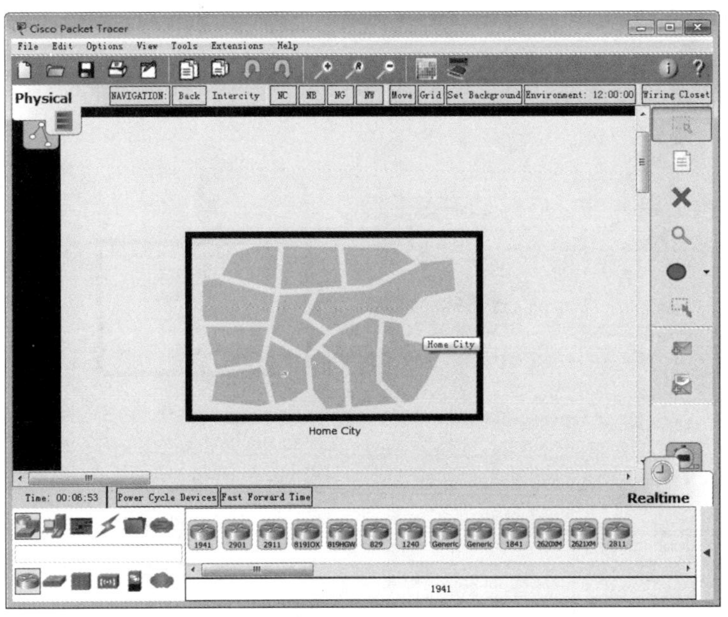

图 6.2.5 Home City 界面

单击 Home City 图像进入城市，可以看到放大了的城市地图，左上角的方框是 Corporate Office，如图 6.2.6 所示。

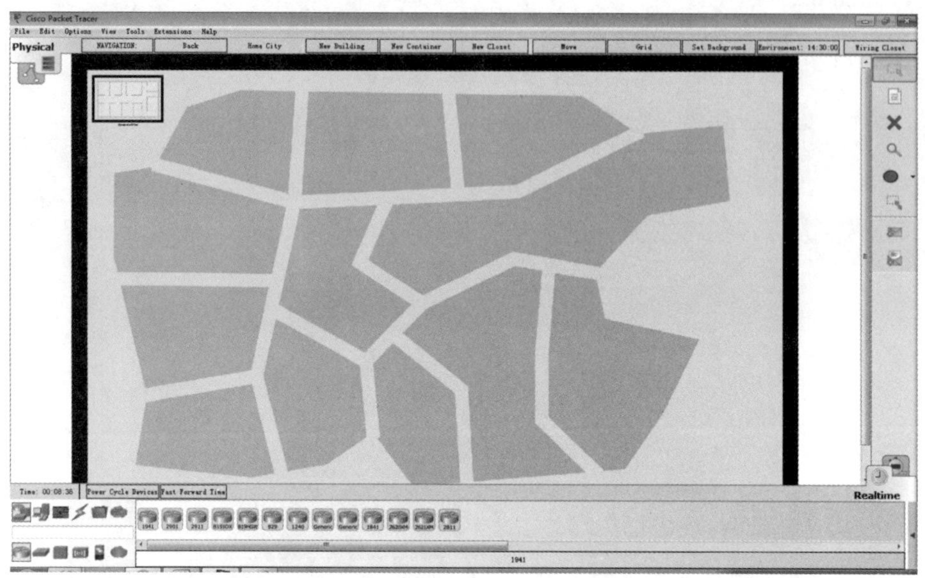

图 6.2.6　放大的 Home City 场景

可通过 Ctrl+I 组合键放大场景，通过 Ctrl+U 组合键缩小场景。选定一个位置作为模拟的葡萄园，将 Corporate Office 拖过去。在左下部设备中，选择终端设备大类下智能家庭终端（Home）中风速、水位检测器作为数据获取设备拖入主界面中，并将滴灌设备 Lawn Sprinkler 也拖入界面中央，如图 6.2.7 所示。

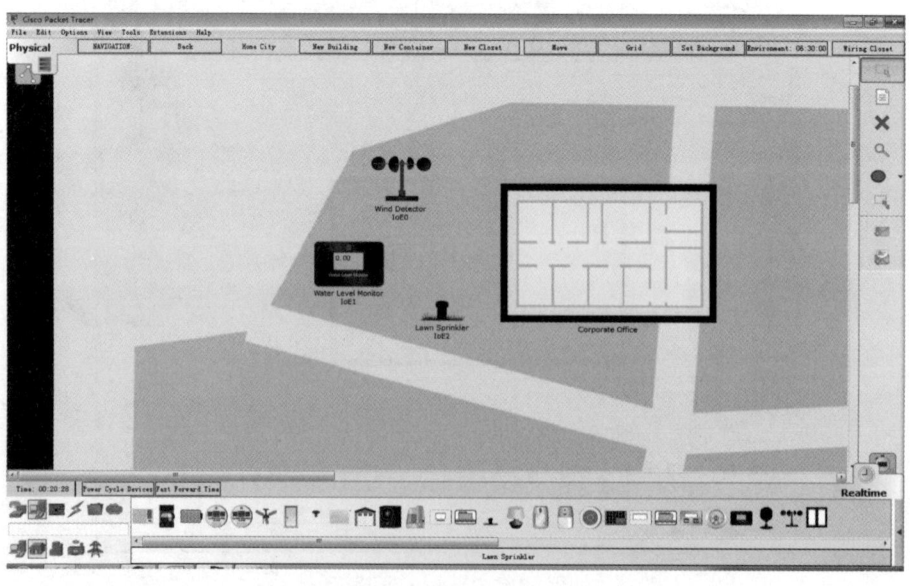

图 6.2.7　模拟葡萄园（1）

在设备类别中选择网络设备大类—无线设备，将家庭网关拖动到 Corporate Office 中。可以看到图中出现了家庭网关无线网络的覆盖范围，所有设备都在该范围中，就能够顺利通过无线方式连接到家庭网关，如图 6.2.8 所示。

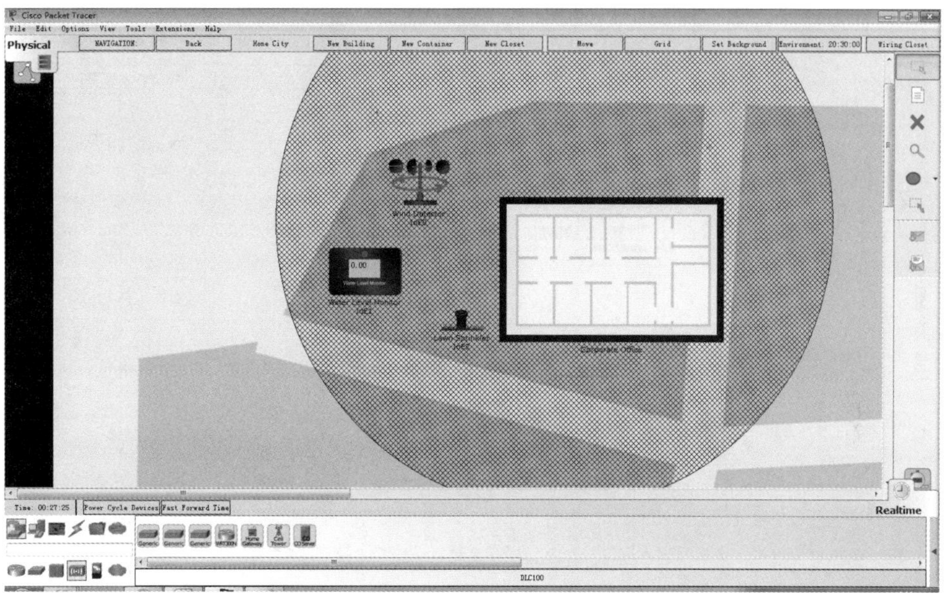

图 6.2.8 模拟葡萄园（2）

单击风速传感器，打开其属性界面，然后再单击右下部 Advanced 按钮，查看高级属性。选择 I/O Config 选项卡，在 Network Adapter 右侧下拉菜单中选择 PT-IOE-NW-1W（最后一个）无线网卡，使其可以通过无线方式连接到家庭网关，如图 6.2.9 所示。

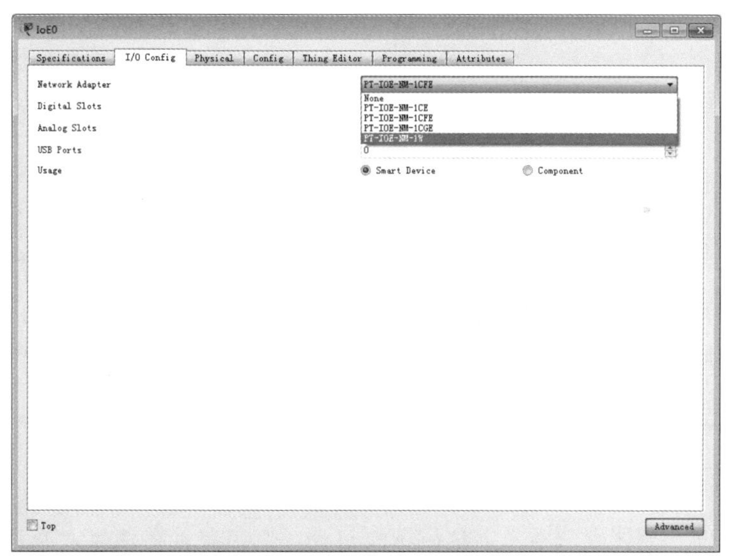

图 6.2.9 无线网卡设置图

重复上述步骤，使得滴灌设备和湿度传感器都通过无线方式连接到家庭网关。单击左上部 Logical 图标，从 Physical 界面回到逻辑界面，可以看到连接已经建立，如图 6.2.10 所示。

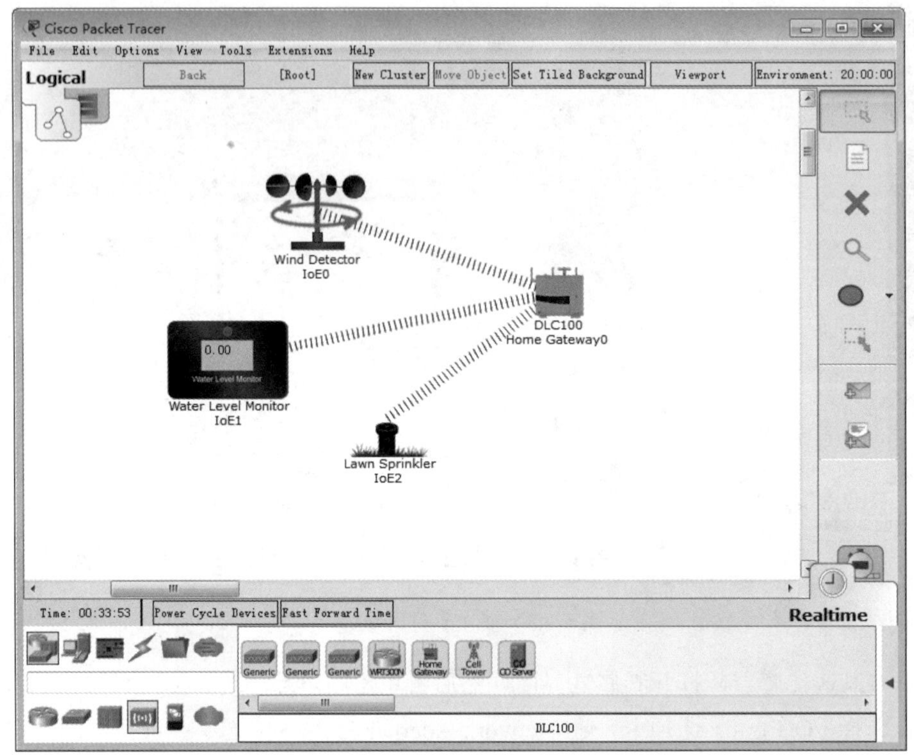

图 6.2.10　葡萄园的逻辑结构图

可以通过添加控制条件，来实现对葡萄园智能化系统的模拟。

6.3 设计和实现简单智能控制系统

现代人越来越重视家庭环境的舒适度，对室内的空气状况也特别在意。例如某住户就希望在寒冷的冬天，自己家中平时关窗保证供暖效果，但是又怕空气不流通影响家中环境，需要智能控制系统能够自动测试空气状况，在需要的时候自动开窗通风。可是如果开窗通风的时候自己不在家，又怕有不速之客光顾造成损失，因此，特地设计建造智慧家居环境控制系统来实现此功能。

6.3.1 需求分析

如果家中的一氧化碳或者二氧化碳浓度过高，则需要开窗透气，并打开风扇促进室内空气的流通。但打开窗户会造成安全隐患，特别是主人不在家的情况下。这时，如果监控到异常情况，则启动报警器，向保安和主人报警。

根据用户家庭户型布局（图 6.3.1），可以确定所需设备及其数量。

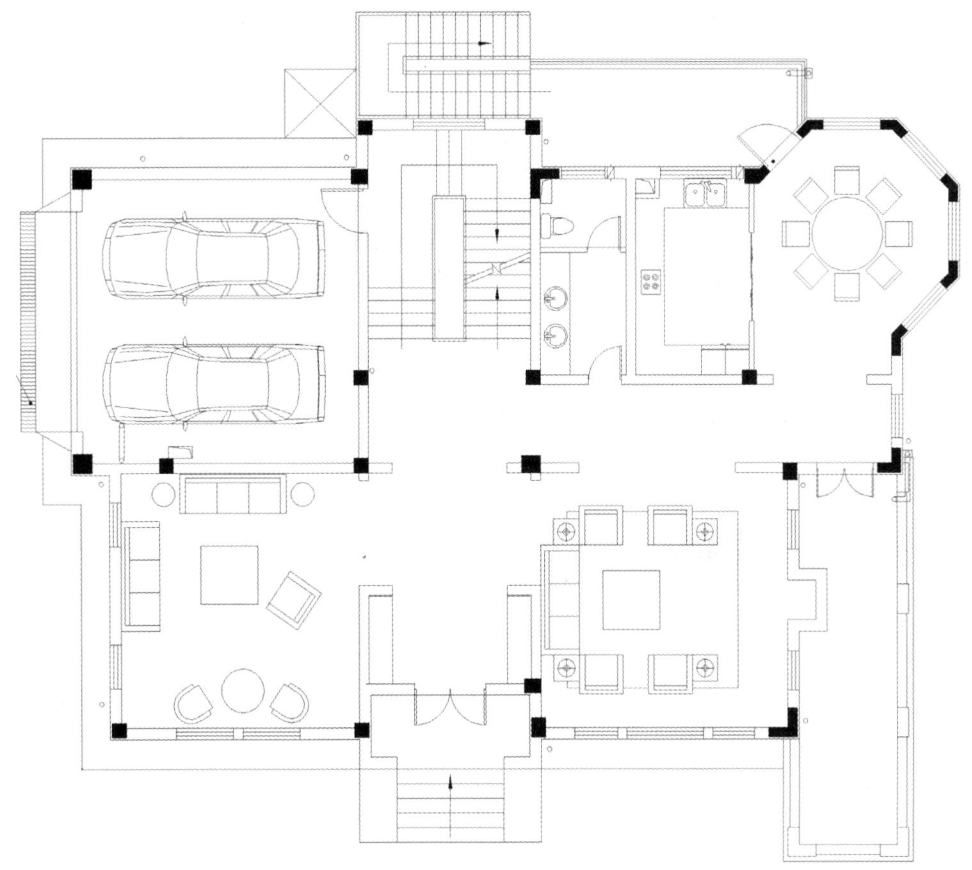

图 6.3.1　用户家庭户型图

6.3.2　系统设计

1. 数据获取系统

通过一氧化碳检测器和二氧化碳检测器，获取家庭空气检测情况的数据；通过摄像头，获取安全异常情况的数据。根据用户家庭户型布局，确定在车库和各个房间安装一氧化碳和二氧化碳检测器，在楼顶各面墙适当位置安装摄像头。

2. 智能处理中心

使用家庭网关充当智能处理中心，将家庭网关安装在房屋中央的位置。

3. 控制系统

智能处理中心向风扇、窗户、报警器发出相应信息，实现控制。

4. 通信系统

各部件通过无线方式，连接到智能处理中心。

6.3.3 用 PT 建立原型

1. 环境搭建

打开 PT 模拟器，在左下部选中网络设备大类（Network Devices）中的无线设备类别（Wireless Devices），将家庭网关（Home Gateway）拖放到主界面中央。

家庭网关默认启动了无线功能，所以无需另外设置无线参数。

选中终端设备大类（End Devices），将终端设备类别中普通 PC 机拖放到主界面中央，以实现对家庭网关的设置。

选中连接线缆（Connections），使用直通线将 PC 机的 FastEthernet0 与家庭网关 Ethernet 1 接口相连，如图 6.3.2 所示。

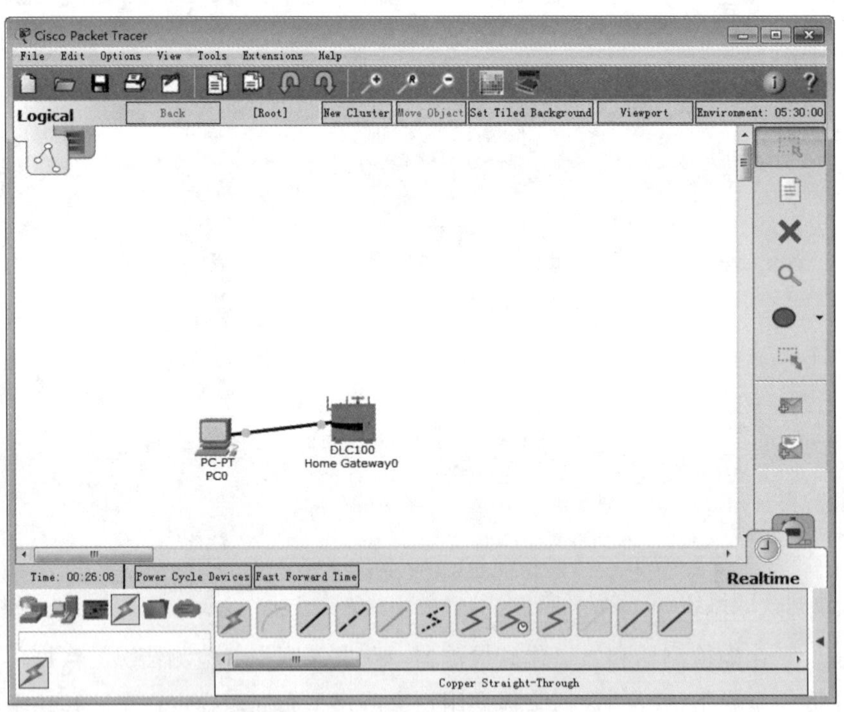

图 6.3.2 家庭网关与 PC 机相连

单击 PC 机，打开 Desktop 选项卡，如图 6.3.3 所示。

单击左上部 IP Configuration 图标，选择 DHCP 单选按钮，稍等片刻，可以看到 PC 机从家庭网关自动获取了 IP 地址，如图 6.3.4 所示。

回到 PT 主界面，单击左下部终端设备大类，选择智慧家庭终端类别（Home），在设备列表中，将一氧化碳检测器（CO Detector）拖放到主界面中，如图 6.3.5 所示。

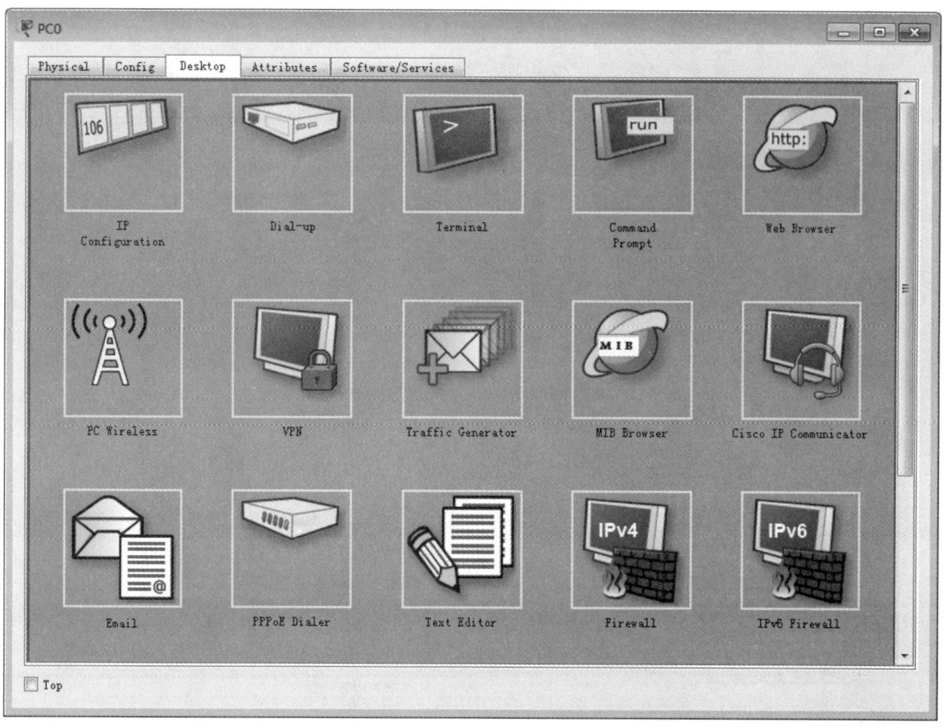

图 6.3.3 PC 机 Desktop 界面

PC0

Physical | Config | Desktop | Attributes | Software/Services

IP Configuration

IP Configuration

DHCP Static DHCP request successful.

IP Address 192.168.25.100

Subnet Mask 255.255.255.0

Default Gateway 192.168.25.1

DNS Server

IPv6 Configuration

DHCP Auto Config Static

IPv6 Address /

Link Local Address FE80::206:2AFF:FE96:1E53

IPv6 Gateway

IPv6 DNS Server

Top

图 6.3.4 DHCP 自动获取 IP 地址

第6章

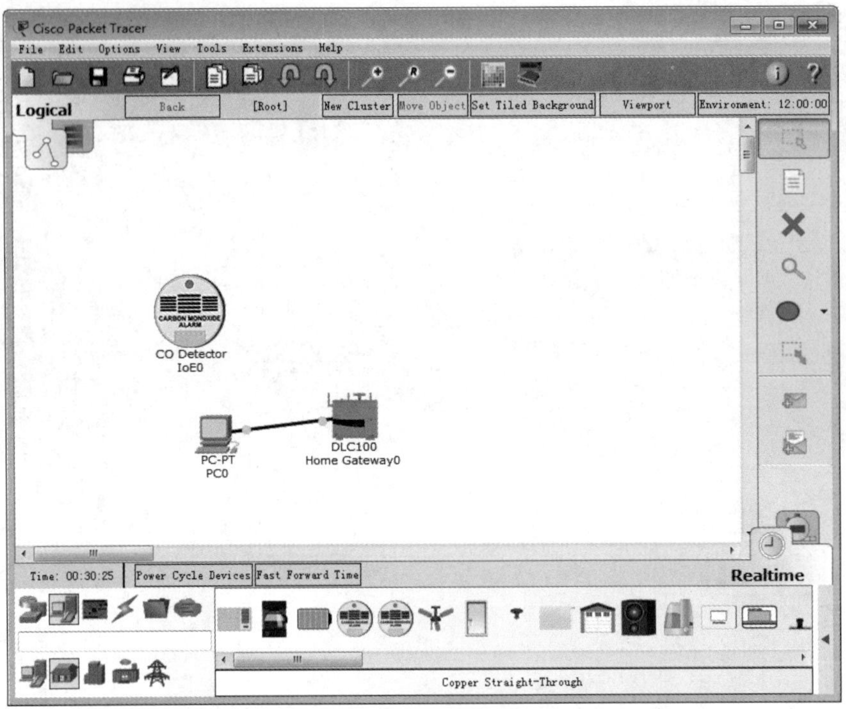

图 6.3.5 添加 CO 检测器到主界面

单击主界面中的 CO Detector 图标，在弹出的界面右下角单击 Advanced 按钮，然后选择 I/O Config 选项卡，如图 6.3.6 所示。

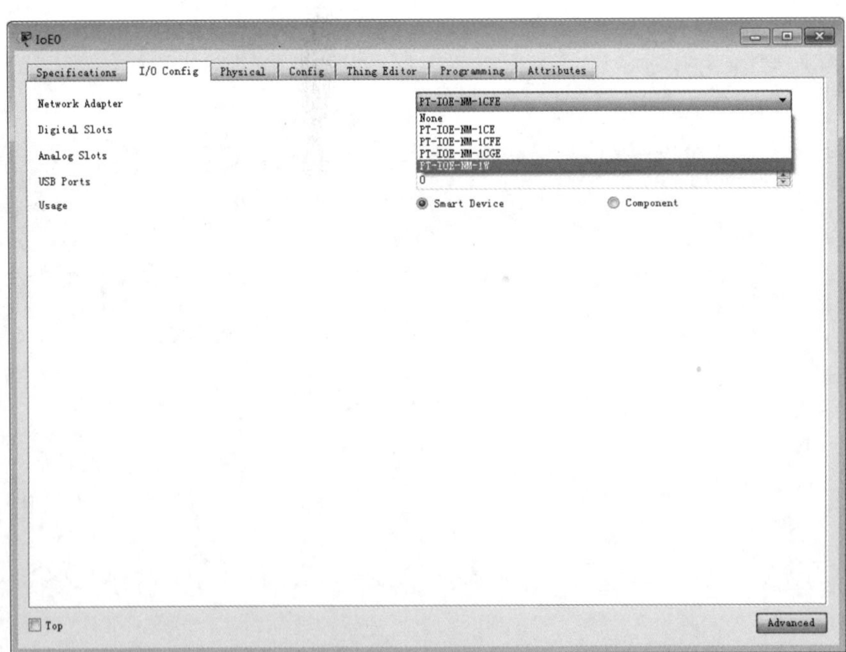

图 6.3.6 为 CO 检测器添加网络适配器

在 Network Adapter（网卡）下拉菜单中选择最下面一项的 PT-IOE-NM-1W（无线网卡），关闭界面，可以看到一氧化碳检测器与家庭网关建立了无线连接，如图 6.3.7 所示。

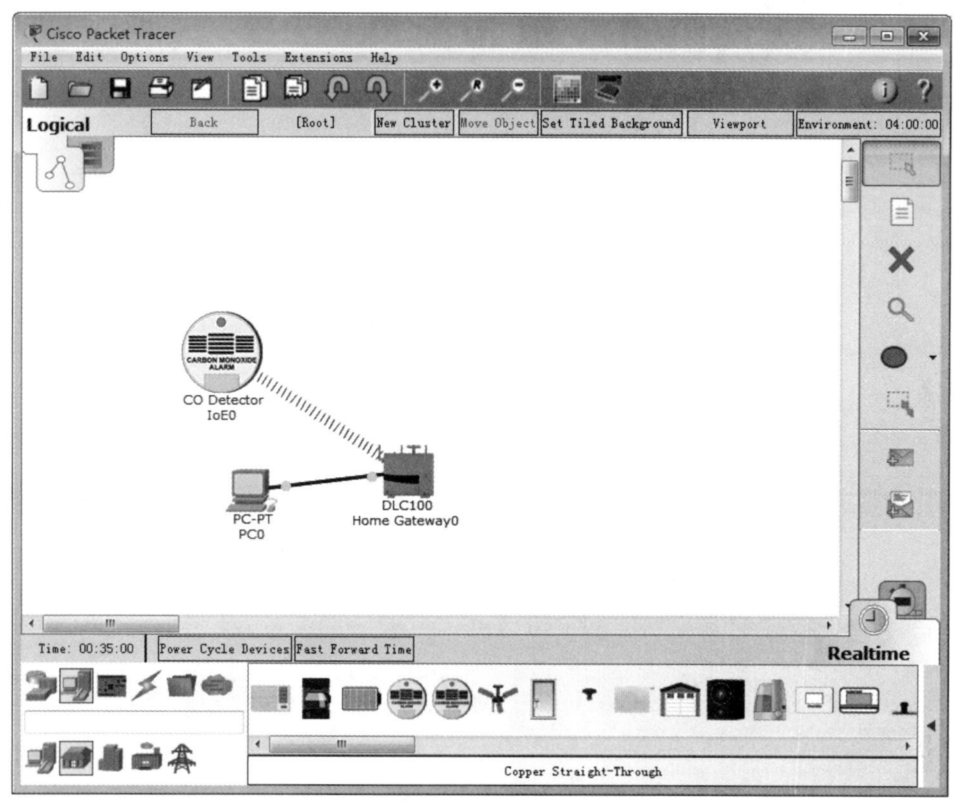

图 6.3.7 CO 检测器连接到无线网关

单击一氧化碳检测器图标，打开 Config 选项卡，在 IoE Server 下方选中 Home Gateway 单选按钮，指定智能处理设备为家庭网关，如图 6.3.8 所示。

重复刚才的步骤，分别将二氧化碳检测器（CO2 Detector）、风扇（Fan）、监控摄像头（Webcam）、窗户（Window）和报警器（Siren）拖放到界面中央，与家庭网关建立连接，并指定智能处理设备为家庭网关，如图 6.3.9 所示。

2．实现控制

单击 PC 机打开 Desktop 选项卡，选择 Web Browser 打开浏览器，在 URL 栏输入 http://192.168.25.1/home.html，打开家庭网关的登录界面，输入默认的用户名和口令：admin。

可以看到，家庭网关管理了 6 个设备，分别是一氧化碳检测器 IoE0、二氧化碳检测器 IoE1、风扇 IoE2、监控摄像头 IoE3、窗户 IoE4 和报警器 IoE5，如图 6.3.10 所示。

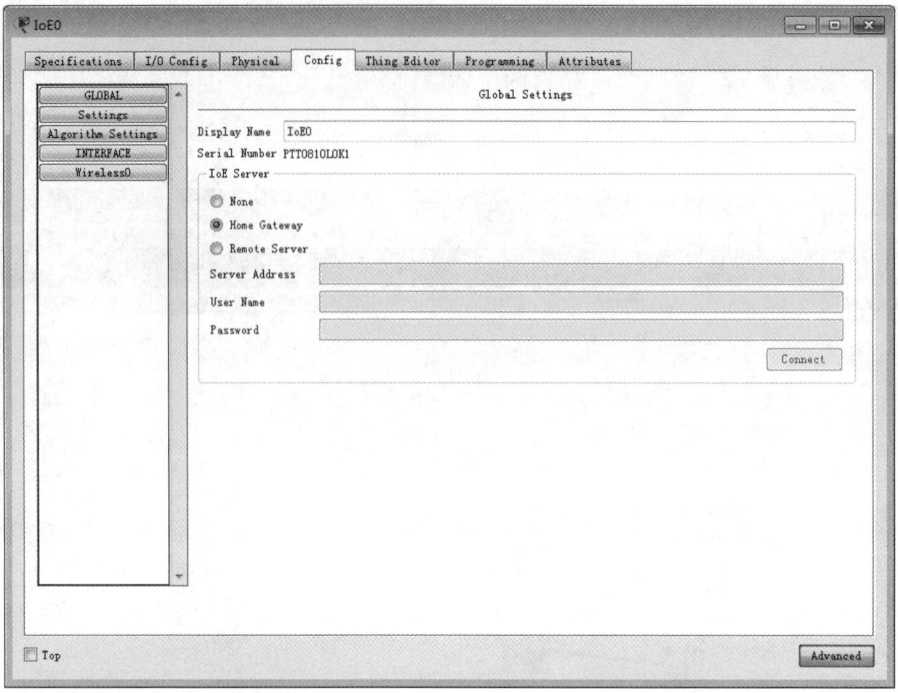

图 6.3.8　修改 IoE Server 类型为 Home Gateway

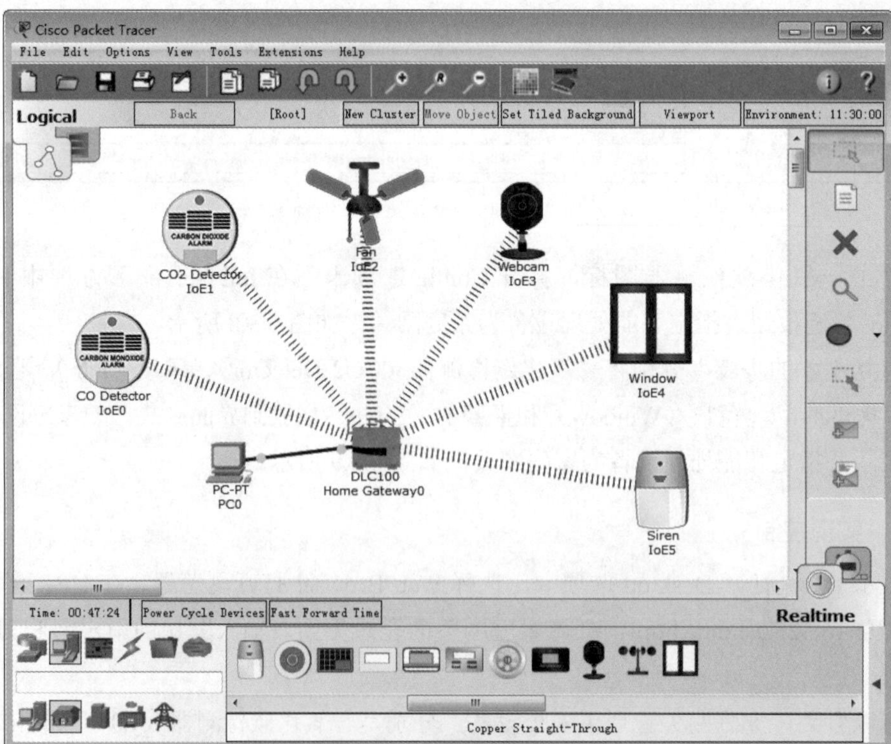

图 6.3.9　智能家居逻辑图

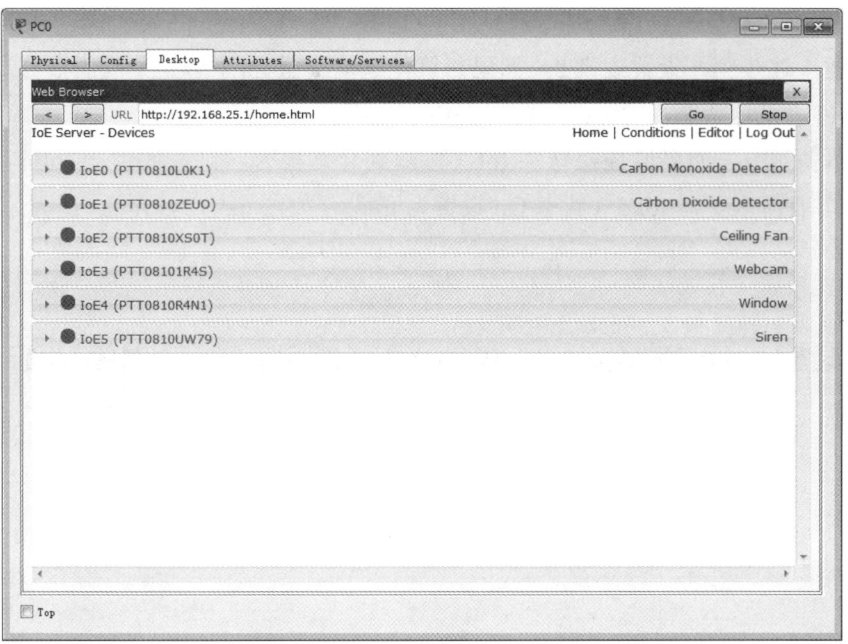

图 6.3.10 远程管理智能设备界面

单击 +Conditions 按钮添加控制条件，如图 6.3.11 所示。

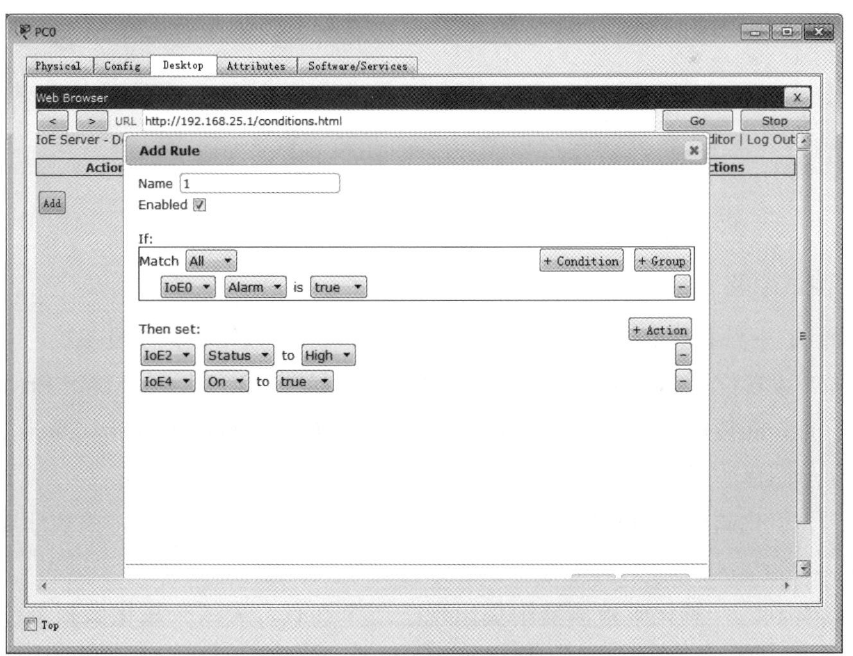

图 6.3.11 添加智能控制条件

设置规则名称为 1，如果一氧化碳检测器 IoE0 达到警戒值报警，则开启风扇 IoE2 为高速状态，同时打开窗户 IoE4（设置为 On），向下拉动右边的菜单条，按下 OK 按钮，保存配置。

重复上述步骤，设置规则 2，如果二氧化碳检测器 IoE1 达到警戒值报警，则开启风扇 IoE2 为低速状态，同时打开窗户 IoE4（设置为 On）。

设置规则 3，如果监控摄像头 IoE3 检测到异常报警，则关闭窗户 IoE4（设置为 false），并打开报警器 IoE5（状态 On 设置为 true），如图 6.3.12 所示。

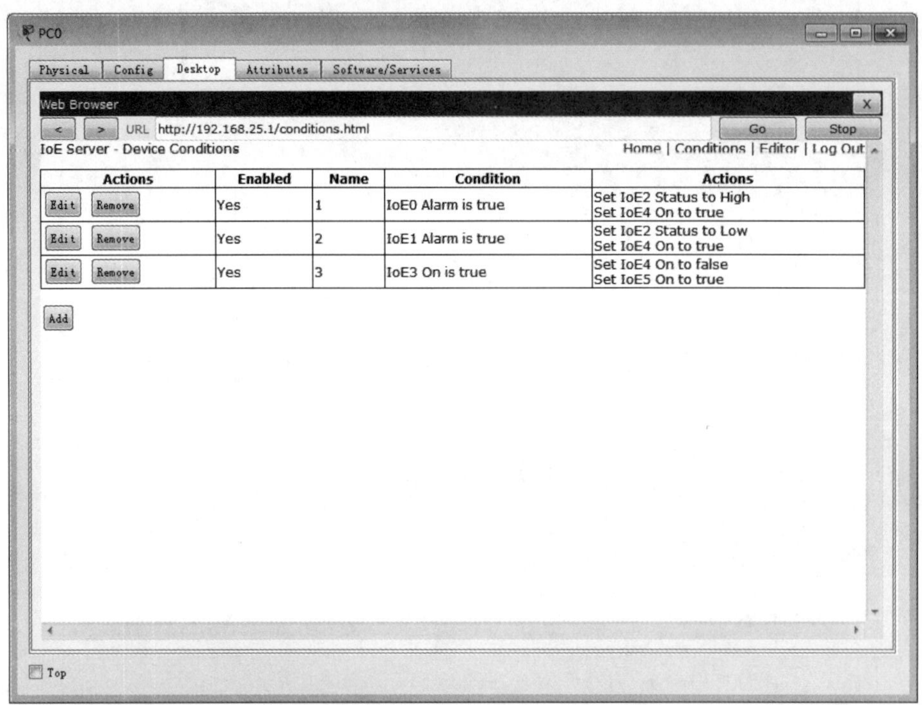

图 6.3.12　CO、CO2 和摄像头控制条件

3. 测试原型

回到 PT 主界面，单击右上角黄色部分 Environment 按钮设置环境参数。

首先，设置位置 Location 为 Corporate Office，如图 6.3.13 所示。单击 Environment Values 后的 Edit 按钮，打开环境参数设置界面。单击 Advanced 选项卡，单击 Gases 左边的三角形图标，列出室内空气参数，如图 6.3.14 所示。

勾选一氧化碳前面的复选框，将一氧化碳的初始值设置为 80%，关闭环境参数设置界面。

可以看到，一氧化碳检测器中央出现了一个红点，表示一氧化碳报警，此时风扇开始转动，窗户也被打开。一段时间过后，一氧化碳浓度下降，报警取消，如图 6.3.15 所示。

此时，按下 Alt 键，同时单击监控摄像头按钮，模拟监控到异常。可以看到此时窗户迅速关闭，报警器变成红色，表示发出警报，如图 6.3.16 所示。

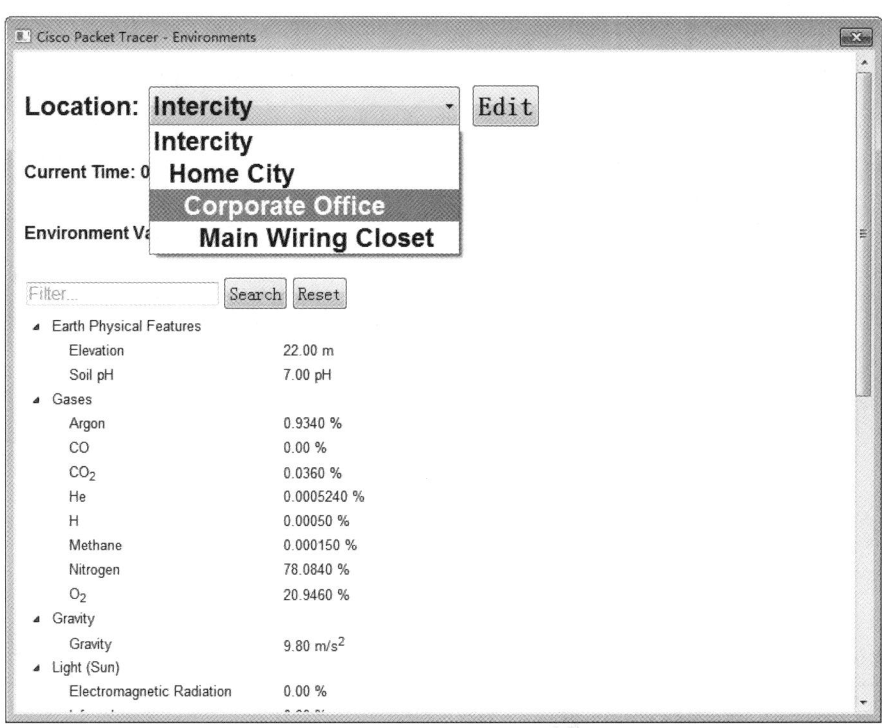

图 6.3.13 切换到 Corporate Office 位置

图 6.3.14 环境参数设置界面

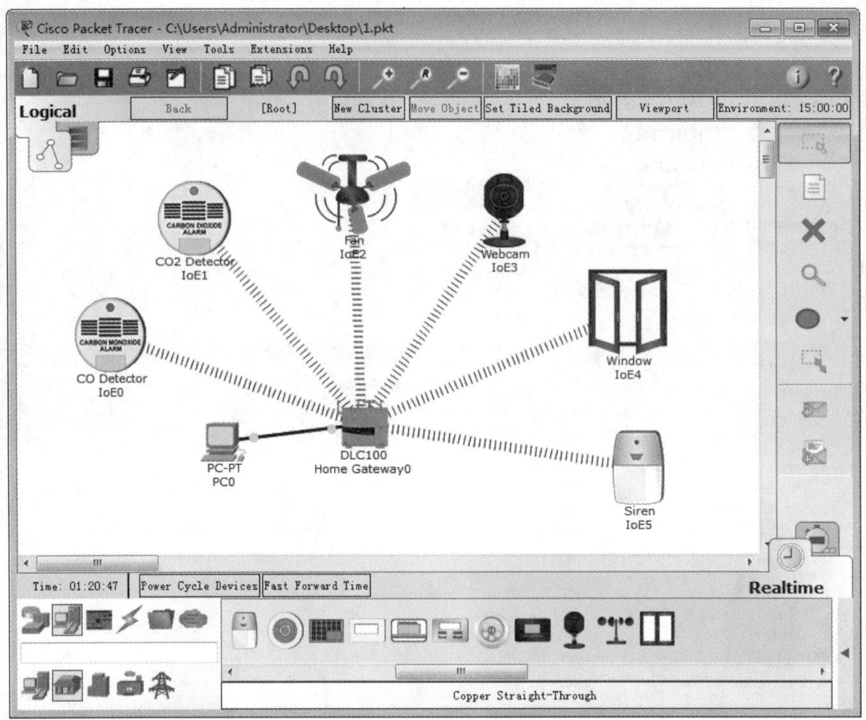

图 6.3.15　一氧化碳检测报警工作图

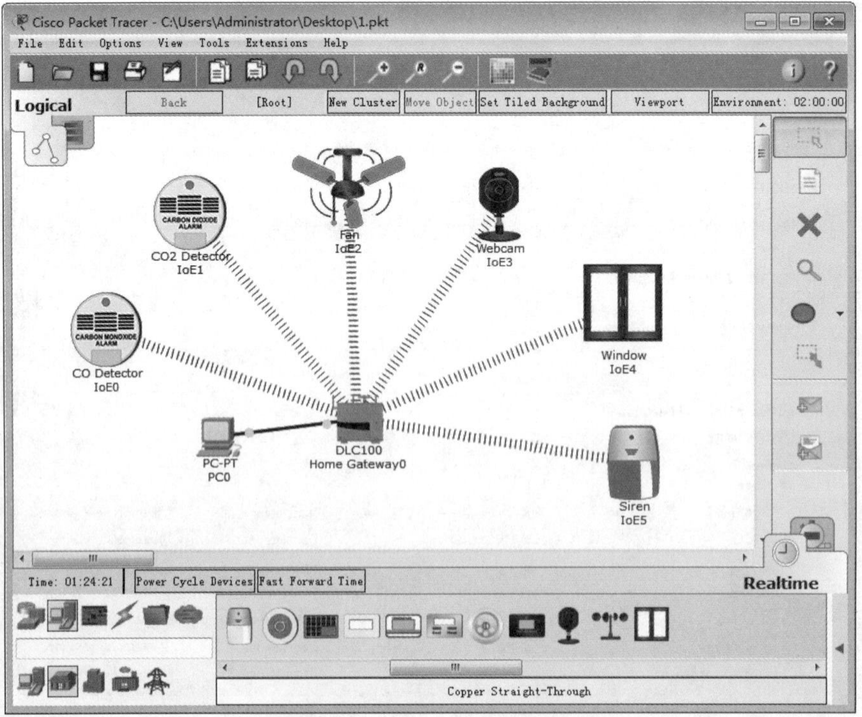

图 6.3.16　摄像头监控报警图

第6章

通过原型模拟测试，可见系统能够正常发挥作用。接下来就可以根据设计方案入户实施了。

6.4 思考题

1．在6.2节中介绍了葡萄园智能化系统的原型建立过程，但没有设置条件进行控制。请根据分析的需求，设定控制条件，实现葡萄园智能控制。

2．现代城市住宅朝向有时不得不受到建筑条件的限制。对于西向的住宅，在夏天的下午就会暴晒，但上午又希望开窗通风。编写程序，输入光照参数值：当光照参数为70以上时，拉下遮光帘的一半；当光照参数为80以上时，完全拉下遮光帘；当光照参数低于70时，打开遮光帘。

第 7 章
智能化技术的发展

智能化技术的发展与万物互联、云计算、大数据和人工智能密不可分。万物互联是智能化技术发展的必然需要，云计算是智能化技术发展的基础，大数据是智能化技术突破的关键，而人工智能是智能化技术发展的目标。

7.1 万物互联

7.1.1 万物互联的概念

随着计算机网络的普及，网络已经无处不在，人与人之间的通信越来越方便。有人提出，将网络的功能进一步扩展，使之成为物体与人、物体与物体之间通信的媒介，物联网的概念应运而生。

所谓物联网（Internet of Things，IoT），是指通过射频识别（RFID）、红外感应器、全球定位系统、激光扫描器等信息传感设备，按约定的协议把事物与互联网相连接，进行信息的交换和通信，来实现智能化识别、定位、跟踪、监控和管理等。

物联网是新一代信息技术的重要组成部分，也是信息化时代的重要发展阶段。顾名思义，物联网就是物物相连的互联网。这有两层意思：其一，物联网的核心和基础仍然是互联网，是在互联网基础上延伸和扩展的网络；其二，其用户端延伸和扩展到了任何物品与物品之间，进行信息的交换和通信。

目前全球仅有1%的事物与网络相连，在不久的将来，一切事物可能都会与互联网相连，这也意味着我们即将从今天的“物联网”走入“万物互联（Internet of Everything，IoE）”的时代。届时所有的东西都会获得语境感知、增强的处理能力和更好的感应能力，这将是物联网的一次革新。

从技术上讲，万物互联是物联网的演进。物联网更关注如何将事物连接到互联网，而万物互联的网络则不仅仅关注事物，还关注一切未联接起来的人、数据、流程，更注重它们之间的协作，使各种终端跟人之间产生更紧密的关系。

7.1.2 万物互联的四大支柱

IoE融合了可使网络连接比以往更加相关且更有价值的四大支柱：人、流程、数据和事物。

（1）人是万物互联的目的指向。目前，在互联网时代，人只能通过计算机、手机等终端设备连接到互联网。随着物联网向万物互联进化，人本身会发展为互联网上的节点，既包含静态信息，又是一个不断传输数据的活跃系统，人也将以无数种方式连接到互联网上。思科公司首席执行官约翰•钱伯斯（John Chambers）说：“IoE与技术毫无关系，它与如何改变人们的生活相关”。

（2）数据是物联网的核心。通常，数据是指我们过去一段时间内收集的信息。例如，在企业订单处理的各项事务中，我们会收集到数据。此数据对企业有价值，但在本质上是过去的，这就是我们称为“静止数据”的静态数据。

大量数据持续急剧增长，而许多数据还像生成时一样，几乎很快就失去了价值。设备、传感器和视频不断地提供此类新数据。此类数据在实时交互时提供最大价值，我们称为“动态数据”。

数据无处不在。但是，数据本身可能毫无意义。当我们解释数据时，通过关联或比较数据会更有说服力，这种有用的数据现在称为信息。在信息被应用或理解后，它就成为了知识。

万物互联借助设备间的彼此连接，采集到更多样化的数据。并且，互联的万物不只是在报告原始数据，而是把更为复杂和详尽的信息传输给机器、计算机和人，以便能够做出进一步的评估和决策。在万物互联中，这种从原始数据到有价值的信息的转化变得非常重要，因为它将使人们能够更快、更明智地做出决策，以及更有效地管理企业、组织和环境。

新数据机遇的潮流为我们提供了改进世界的新途径，从解决全球健康问题到改善教育问题。智能解决方案在以人类交流的速度收集、管理和评估各种数据，它具有无限潜力。因此，万物互联将变得越来越关注“动态数据”。

（3）事物是万物互联的手段。这里所说的“事物”由物理对象组成，它们连接到互联网，又彼此相连，能够检测出所需的任何数据，对环境中各种状态和指标的变动做出更为灵敏和实时的反应。IoT 将包含各种对象，包括传统上不连接的对象和设备。

目前，事物主要包括各种传统的计算机和计算设备，比如台式机、笔记本电脑、智能手机、平板电脑、大型机和计算机集群。但并不是连接到 IoT 的所有对象都是计算设备。什么是计算设备？尽管识别台式机或笔记本电脑可能非常简单，但判断计算机的标准却很模糊。汽车是计算设备吗？手表或电视机呢？为此，我们定义计算设备是指能根据一组指令执行计算的电子仪器，它包括三个主要组件：中央处理器（CPU）、内存和输入 / 输出单元。

事实上，物理对象的主要功能是获取数据和接受控制并进行实时反应。

用于获取数据的主要物理对象除了各种计算设备之外，还包括各种传感器。

无线射频识别卡（RFID）是一种常见的传感器。RFID 使用无线射频电磁场在小编码标签（RFID 标签）和 RFID 阅读器之间交流信息。通常，RFID 标签用于识别和跟踪嵌入其中的事物，比如宠物。由于标签很小，因此可以将它们附加到几乎所有事物，包括服装和现金。一些 RFID 标签不带电池，标签传输信息所需的能量来自于 RFID 标签阅读器发送的电磁信号，标签收到此信号后使用其中的部分能量来支持发出响应。

有些 RFID 标签配备电池，可作为始终广播信息的信标。此类 RFID 标签的传输范围通常有数百米。与条形码不同，RFID 依靠无线射频，因此无需看到就可以工作。由于其灵活性和低电量要求，RFID 标签是一种将非计算设备连接到 IoE 解决方案的好方式。

第一代 RFID 标签采用“一次写入多次读取”。这意味着可以在工厂中对它们进行一次编程，但在实际应用中无法进行修改。较新的 RFID 标签采用“多次写入多次读取”，其集成电路的寿命为 40 至 50 年，可以写入超过 100000 次。这些标签能够有效地存储相连资产的完整历史记录，比如生产日期、位置跟踪历史记录、多个保养周期和所有权。

用于接收控制进行实时反应的物理对象如果本身就有计算能力，显然很容易实现其功能。但大多数物理对象本身不具有计算能力，这就需要借助与内部服务器和外部环境交互的嵌入式技术，通过控制器这样的设备，使之对各种控制指令做出实时反应。

（4）流程是数据连接的最初路径和方式，同时也是数据连接的最终诉求和目的。人、数据和事物中的每一个对象相互之间遵循一定的流程一起协作，在万物互联的世界中传递和创造价值。在这其中流程扮演着非常重要的角色，因为有了流程，万物的连接才变得有意义、有价值。

当对象能够感知数据并能进行通信时，根据数据的可用性能够确定何时和如何制定决策、制定决策的人，以及用于制定这些决策的流程。IoE 是基于人、流程、数据和事物之间的连接建立的，他们不是孤立的。这四大支柱的有机结合，才构成了真正的 IoE，如图 7.1.1 所示。

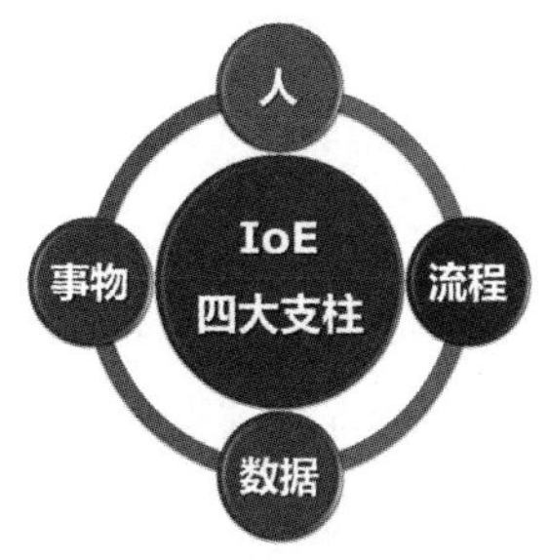

图 7.1.1 IoE 的四大支柱

7.1.3 万物互联的三大通信关系

万物互联的四大支柱中的元素之间的交互产生了大量新信息，特别是建立了三大通信关系：机器与机器（M2M）通信、机器与人（M2P）通信和人与人（P2P）通信。

1. M2M

当数据从一台机器或事物传输到另一台机器或事物时，就建立了机器到机器（M2M）的连接。机器包括传感器、机器人、计算机和移动设备。例如，当互联汽车快到家时，发出信号提示家庭网络调整家里的温度和照明。

M2M 是物联网现阶段最普遍的应用形式。从狭义上说，M2M 是将数据从一台终端传送到另一台终端，也就是机器与机器之间的对话。

不过M2M不是简单的数据在机器和机器之间的传输，更重要的是，它是机器和机器之间的一种智能化、交互式的通信。也就是说，即使人们没有实时发出信号，机器也会根据既定程序主动进行通信，并根据所得到的数据智能化地做出选择，对相关设备发出正确的指令。可以说，智能化、交互式成为了M2M有别于其他应用的典型特征，这一特征下的机器也被赋予了更多的“思想”和“智慧”。

2. M2P

当信息在设备（比如计算机、移动设备或数字签名）与人之间传输时，就建立了机器到人（M2P）的连接。无论是人从数据库中获取信息，还是进行复杂的分析，都是M2P连接。这些M2P连接促进了机器上数据的移动、操作和报告，可帮助人做出明智的判断。人根据其判断来采取行动，这就形成了IoE反馈环路。

3. P2P

当信息在人之间传输时，就建立了人到人（P2P）的连接。现在，P2P连接越来越多地通过视频、移动设备和社交网络进行。这些P2P连接通常被称为协作。

数十亿M2M、M2P和P2P连接使IoE中的“一切”成为可能，从而实现IoE的最大价值。

7.1.4 万物互联的架构和关键技术

一般而言，可以参照物联网的技术架构，将万物互联分为三层：感知层、网络层和应用层。

感知层由各种传感器以及传感器网关构成，包括了各种传感器等感知终端。感知层的作用相当于人的眼耳鼻喉和皮肤等神经末梢，它是物联网识别物体、采集信息的来源，其主要功能是识别物体和采集信息。

网络层由各种私有网络、互联网、有线和无线通信网、网络管理系统和云计算平台等组成，相当于人的神经中枢和大脑，负责传递和处理感知层获取的信息。

应用层是物联网和用户（包括人、组织和其他系统）的接口，它与行业需求相结合，实现了物联网的智能应用。

要真正实现万物互联，还必须借助云计算和大数据技术，它们是密不可分的。单从实现事物连接的物联网来看，一般涉及三大技术。

1. 传感技术

传感技术是计算机应用中的重要技术，在物联网中显得尤为重要。物联网需要依靠传感技术进行采集并且将采集到的信息转变成数字信号进行传输。也就是说，传感技术是物联网最前端的感觉细胞，将收集到的信息传递给大脑进行分析，然后再处理大脑反馈的信息。

2. RFID 标签技术

事实上 RFID 标签也是一种传感器技术，RFID 技术是融合无线射频技术和嵌入式技术为一体的综合技术。RFID 标签技术就是一种无线通信技术，可以通过无线电信号识别特定目标并读写相关数据，而无需识别系统与特定目标之间建立机械或者光学接触。也就是说，物联网将传感器作为感知设备，将 RFID 标签作为被识别的电子标识，这样就可以组成一套完整的感知与识别系统。

3. 嵌入式技术

在人们的生活中，嵌入式系统遍布我们的生活，它集成了计算机硬件技术、传感技术等多种复杂的技术，经过多年的进化不断完善，在我们的生活中小到随身的 MP3 大到飞机卫星都可以看到嵌入式技术的影子。嵌入式技术让普通的设备可以具备计算处理功能。

我们可以将 IoE 比喻成一滴水。一滴水本身并不引人注目，但是当它与数百万或甚至数十亿水滴结合时，地球也会为之改变。就像一滴水一样，当一个人、一点数据、一个事物与数十亿其他人、数据和事物连接时，也同样能够改变地球。万物互联将极大地提高我们的生活水平，提升我们的生活质量。

7.1.5 万物互联与 5G

5G 是第五代（The 5th Generation）移动通信的简称。它具有大带宽、低时延的显著特征，是实现万物互联的坚强基石。

1986 年，第一代移动通讯系统（1G）在美国芝加哥诞生，采用模拟信号传输。就是将电磁波进行频率调制后，将语音信号转换到电磁波（载波）上，载有信息的电磁波发布到空间后，由接收设备接收，并从载波电磁波上还原语音信息，完成一次通话。但各个国家的 1G 通信标准并不一致，使得第一代移动通讯并不能“全球漫游”，这大大阻碍了 1G 的发展。同时，由于 1G 采用模拟讯号传输，所以其容量非常有限，一般只能传输语音信号，且存在语音品质低、讯号不稳定、涵盖范围不够全面，安全性差和易受干扰等问题。

2G 采用的是数字调制技术，因此，第二代移动通信系统的容量也在增加。随着系统容量的增加，2G 时代的手机也可以实现上网，虽然数据传输的速度很慢（9.6 ～ 14.4kbps），但文字信息的传输由此开始了，这成为当今移动互联网发展的基础。1994 年，前中国邮电部部长吴基传用诺基亚 2110 拨通了中国移动通信史上第一个 GSM 电话，中国开始进入 2G 时代。2G 时代也是移动通信标准争夺的开始，主要通讯标准有以摩托罗拉为代表的 CDMA 美国标准和以诺基亚为代表的 GSM 欧洲标准。

随着人们对于数据传输速度的要求日益提高，通过开辟新的电磁波频谱、制定新的通信标准，3G 的传输速度可达 384kbps，在室内稳定环境下甚至能达到 2Mbps，是 2G 时代的 140 倍。速度的大幅提升和稳定性的有效提高，带来了移动通信的多样化应用。2007 年，乔布斯发布 iphone，掀起全球智能手机的浪潮。从某种意义上讲，终端功能的大幅提升也加快了移动通信系统的演进脚步。2008 年，支持 3G 网络的 iphone3G 发布，人们可以在手机上直接浏览电脑网页，收发邮件，进行视频通话，收看直播等，人类正式步入移动多媒体时代。

4G 是在 3G 基础上发展起来的，采用更加先进的通信协议。相比 3G，它在传输速度上有着非常大的提升，理论上网速度是 3G 的 50 倍，实际体验也都在 10 倍左右，因此 4G 网络可以具备非常流畅的速度，观看高清电影、大数据传输速度都非常快。2013 年 12 月，工信部在其官网上宣布向中国移动、中国电信、中国联通颁发“LTE/第四代数字蜂窝移动通信业务（TD-LTE）”经营许可，也就是 4G 牌照。至此，移动互联网进入了一个新的时代。4G 带来了智能手机的迅速普及，移动支付得到广泛推广。甚至有人开玩笑说，随着 4G 时代的到来，连小偷都失业了，因为大家身上都不带钱了，而手机都拿在手上无法下手。

2017 年 12 月 21 日，在国际电信标准组织 3GPP RAN 第 78 次全体会议上，5G NR 首发版本正式发布，这是全球第一个可商用部署的 5G 标准。

2018 年 12 月 7 日，工业和信息化部许可中国电信、中国移动、中国联通自通知日至 2020 年 6 月 30 日在全国开展第五代移动通信系统试验。

2019 年 6 月 6 日，工信部正式向中国电信、中国移动、中国联通、中国广电发放 5G 商用牌照，我国正式进入 5G 商用元年。各企业将以市场和业务为导向，积极推进 5G 融合应用和创新发展，聚焦工业互联网、物联网、车联网等领域，为更多的垂直行业赋能赋智，促进各行各业数字化、网络化、智能化发展。

5G 的基本特征是：高速率，峰值速率大于 20 Gbps，相当于 4G 的 20 倍；低时延，网络时延从 4G 的 50ms 缩减到 1ms；海量设备连接，能满足 1000 亿量级的连接。

如果说，带宽是限制万物互联实现的一个重要因素，那么随着 5G 时代的到来，这个限制已经不存在了。试想，有一天新学厨艺的您打算在家里自己炒菜，家里的一体化智能灶台会根据菜的内容和量自动调节火力大小，能根据您的操作语音提示炒菜的步骤，让厨艺新手的您也能体验成就美味的喜悦……5G 带来的不仅仅是极大的接入带宽而已，伴随 5G 而来的丰富创意将极大地改变人们的生活。

7.2 云计算

云计算是智能化系统实现快速发展的重要背景。

对云计算的定义有多种说法。到底什么是云计算，至少可以找到 100 种解释。现阶段广为接受的是美国国家标准与技术研究院（NIST）的定义：云计算是一种按使用量付费的模式，这种模式提供可用的、便捷的、按需的网络访问，进入可配置的计算资源共享池（资源包括网络、服务器、存储、应用软件和服务），这些资源能够被快速提供，只需投入很少的管理工作，或与服务供应商进行很少的交互。

7.2.1 云的建立

简单地说，云计算就是按需要提供资源服务。这里所说的资源，包括网络资源、存储资源和计算资源等。首先要有“云”，才能提供服务。

当启动一台个人计算机时，计算机所做的事就是把硬盘上的操作系统装载到计算机的内存中去。一旦这个过程完成，这台计算机就完全由 Windows 控制了。对 Windows 而言，它运行所需的最小资源只有 CPU 和存储设备这两项，其他都不是计算机运行所必需的。当打开 Windows 的任务管理器时，常常会发现，CPU 和内存大部分是闲置的，特别是 CPU，其利用率通常不到 10%。Windows 在硬盘占有的空间一般就是几个 GB。也就是说，一个 Windows 独占了计算机的全部资源，而大部分资源又都是闲置的。

1. 云的建立

云计算的想法是将一个个单独的资源集合起来，通过统一的管理来按个体的需求提供服务。

云的建立过程和结构，目前并没有统一的标准。由于技术和实现方式的不同，各厂商的云的实现方式和结构会有很大的不同。但是，一些基本的概念是相同的，其共同的核心要点包括：

（1）一定要有资源池。把分散的计算资源集中到大的资源池里，以方便统一管理和分配。按需分配、自助服务，用户实际消耗多少资源，就被分配多少资源；用户对自己得到的资源能够自助管理。

灵活的资源变化。随便撤掉一台计算机，其上面的信息和活动会自动转移到别处去；随便增加一台计算机，其资源会随时添加到资源池里去。所有这些增减，对用户是透明的，用户自己感受不到。

通常，资源池集中了大量的硬件资源，通过虚拟化软件或者监控软件进行管理和调配。

（2）一定要有记账系统。用户消耗了多少资源，如何给这些资源计费，系统有详尽的信息采集和报告，以便对用户收费（即使是免费，也得有详细的记账系统）。其实更恰当地说，是便于管理资源的使用。

在组建云的技术上，说到底，就是用软件产品（例如各种云服务器软件、数据中心管理软件）来管理、组织和分配经过抽象或虚拟的硬件计算资源。

除了个别企业用自己的技术建设和服务外，现在常见的云技术提供者主要有：

VMware、微软、OpenStack 等。前两者是完全的商业产品，而 OpenStack 则完全是开源免费的，它的监控程序主要采用开源的 KVM，也可以是其他的开源软件。

2. 云的分类

按照服务的对象和范围，云可以分为三类：

私有云：建立一个云，如果只是为了单位（企业或机构）自己使用，其就是私有云。

公有云：如果云的服务对象是社会上的客户，其就是公有云。Amazon 公司的 AWS 是现在世界上最大的公有云。其他公有云提供商还有 Google、Salesforce、苹果的 iCloud 等。

混合云：如果一个云，既是为单位自己使用，也对外开放资源服务，其就是混合云。有时，把两个或多个私有云的联合也叫混合云。

一般认为，云计算包括以下几个层次的服务：基础设施即服务（IaaS），平台即服务（PaaS）和软件即服务（SaaS）。

- IaaS：基础设施即服务

IaaS（Infrastructure as a Service）：基础设施即服务。消费者通过 Internet 可以从完善的计算机基础设施获得服务。例如：硬件服务器租用。

- PaaS：平台即服务

PaaS（Platform as a Service）：平台即服务。有观点认为，PaaS 实际上是指将软件研发的平台作为一种服务，以 SaaS 的模式提供给用户。因此，PaaS 也是 SaaS 模式的一种应用。

- SaaS：软件即服务

SaaS（Software as a Service）：软件即服务。它是一种通过 Internet 提供软件的模式，用户无需购买软件，而是向提供商租用基于 Web 的软件来管理企业经营活动。例如：金蝶 E 记账，是一款基于 Web 的在线会计软件，向小企业和个人提供在线会计服务。

7.2.2　云计算关键技术

1. 虚拟化技术

虚拟化技术是指计算元件在虚拟的基础上而不是真实的基础上运行，它可以扩大硬件的容量，简化软件的重新配置过程，减少软件虚拟机相关开销和支持更广泛的操作系统方面。

云计算的虚拟化技术不同于传统的单一虚拟化，它是涵盖整个 IT 架构的，包括资源、网络、应用和桌面在内的全系统虚拟化，它的优势在于能够把所有硬件设备、软件应用和数据隔离开来，打破硬件配置、软件部署和数据分布的界限，实现 IT 架构的动态化，实现资源集中管理，使应用能够动态地使用虚拟资源和物理资源，提高系统适应需求和环境的能力。

通过虚拟化技术可实现软件应用与底层硬件相隔离，它包括将单个资源划分成多个虚拟资源的分裂模式，也包括将多个资源整合成一个虚拟资源的聚合模式。虚拟化技术根据对象可分成存储虚拟化、计算虚拟化、网络虚拟化等。计算虚拟化又分为系统级虚拟化、应用级虚拟化和桌面虚拟化。计算系统虚拟化是一切建立在“云”上的服务与应用的基础。

云计算虚拟化技术的应用意义并不仅仅在于提高资源利用率并降低成本，更大的意义是提供强大的计算能力，将大量分散的、没有得到充分利用的计算能力整合到计算高负荷的计算机或服务器上，实现全网资源的统一调度使用，从而在存储、传输、运算等多个计算方面达到高效。

2. 云计算存储技术

由于云计算用户数量众多，存储系统需要存储的文件将呈指数级增长态势，这就要求存储系统的容量扩展能够跟得上数据量的增长，做到无限扩容。同时在扩展过程中最好还要做到简便易行，不能影响到数据中心的整体运行。如果容量的扩展需要复杂的操作，甚至停机，这无疑会极大地降低数据中心的运营效率。

云计算存储系统需要的不仅仅是容量的提升，对于性能的要求同样迫切，与以往只面向有限的用户不同，云计算存储系统将面向更为广阔的用户群体，用户数量级的增加使得存储系统也必须在吞吐性能上有飞速的提升，只有这样才能对请求作出快速的反应。这就要求存储系统能够随着容量的增加而拥有线性增长的吞吐性能，这显然是传统的存储架构无法达成的目标。

云计算系统由大量服务器组成，同时为大量用户服务，因此云计算系统采用分布式存储的方式存储数据，用冗余存储的方式（集群计算、数据冗余和分布式存储）保证数据的可靠性。冗余的方式通过任务分解和集群，再用低配机器替代超级计算机的性能来保证低成本，这种方式保证了分布式数据的高可用、高可靠和经济性，又为同一份数据存储多个副本。

3. 海量数据管理技术

云计算需要对分布的、海量的数据进行处理、分析。因此，数据管理技术必须能够高效地管理大量的数据。由于云数据存储管理形式不同于传统的 RDBMS 数据管理方式，如何在规模巨大的分布式数据中找到特定的数据，也是云计算数据管理技术必须解决的问题。同时，由于管理形式的不同造成传统的 SQL 数据库接口无法直接移植到云管理系统中来，目前一些研究在关注为云数据管理提供 RDBMS 和 SQL 的接口，如基于 Hadoop 的子项目 HBase 和 Hive 等。另外，在云数据管理方面，如何保证数据安全性和数据访问高效性也是研究和关注的重点问题之一。

4. 分布式编程模式

云计算提供了分布式的计算模式，客观上要求必须有分布式的编程模式。云计算采用了一种思想简洁的分布式并行编程模型 MapReduce。MapReduce 是一种编程模型和任务调度模型，主要用于大规模数据集（大于 1TB）的并行运算和并行任务的调度处理。

概念 Map（映射）和 Reduce（归约）是它们的主要思想，都是从函数式编程语言里借来的，还有从矢量编程语言里借来的特性。它极大地方便了编程人员在不会分布式并行编程的情况下，将自己的程序运行在分布式系统上。

在该模式下，用户只需要自行编写 Map 函数和 Reduce 函数就可以进行并行计算。其中，Map 函数中定义各节点上的分块数据的处理方法，而 Reduce 函数中定义中间结果的保存方法以及最终结果的归纳方法。

5. 云计算平台管理技术

云计算资源规模庞大，服务器数量众多并且分布在不同的地点，同时运行着数百种应用，如何有效地管理这些服务器，并且保证整个系统提供不间断的服务是巨大的挑战。云计算系统的平台管理技术能够使大量的服务器协同工作，方便地进行业务部署和开通，快速发现和恢复系统故障，通过自动化、智能化的手段实现大规模系统的可靠运营。

7.2.3 云计算的应用领域

在 2014 年中国国际云计算技术和应用展览会上，工信部软件服务业司司长陈伟表示，工信部要从五个方面促进云计算快速发展。一是要加强规划引导和合理布局，统筹规划全国云计算基础设施建设和云计算服务产业的发展；二是要加强核心技术研发，创新云计算服务模式，支持超大规模云计算操作系统、核心芯片等基础技术的研发，推动产业化；三是要面向具有迫切应用需求的重点领域，以大型云计算平台建设和重要行业试点示范、应用带动产业链上下游的协调发展；四是要加强网络基础设施建设；五是要加强标准体系建设，组织开展云计算以及服务的标准制定工作，构建云计算标准体系。

目前，云计算在中国主要行业的应用还仅仅是冰山一角，但随着本土化云计算技术产品和解决方案的不断成熟，云计算理念的迅速推广普及，云计算必将成为未来中国重要行业领域的主流 IT 应用模式，为重点行业用户的信息化建设与 IT 运维管理工作奠定基础。

1. 医药医疗领域

医药企业与医疗单位一直是国内信息化水平较高的行业用户。在新医改政策的推动下，医药企业与医疗单位将对自身信息化体系进行优化升级，以适应医改业务的调整要求。在此影响下，以云信息平台为核心的信息化集中应用模式将孕育而生，逐步取代各系统分散为主体的应用模式，进而提高医药企业的内部信息共享能力与医疗信息公共平台的整体服务能力。

2. 制造领域

随着后金融危机时代的持续，制造企业的竞争将日趋激烈，企业在不断进行产品创新、管理改进的同时，也在大力开展内部供应链优化与外部供应链整合工作，进而降低运营成本、缩短产品研发生产周期。未来云计算将在制造企业供应链信息化建设方面得到广泛应用，特别是通过对各类业务系统的有机整合，形成企业云供应链信息平台，加速企业内部研发、采购、生产、库存、销售信息一体化进程，进而提升制造企业的竞争实力。

3. 金融与能源领域

金融、能源企业一直是国内信息化建设的领军性用户。在未来几年，中石化、中保、农行等行业内企业信息化建设已经进入 IT 资源整合集成阶段。在此期间，需要利用云计算模式，搭建基于 IaaS 的物理集成平台，对各类服务器基础设施应用进行集成，形成能够高度复用与统一管理的 IT 资源池，对外提供统一硬件资源服务。同时在信息系统整合方面，需要建立基于 PaaS 的系统整合平台，实现各异构系统间的互联互通。因此，云计算模式将成为金融、能源等大型企业信息化整合的关键武器。

4. 电子政务领域

云计算将助力中国各级政府机构公共服务平台建设，各级政府机构正在积极开展公共服务平台的建设，努力打造公共服务型政府的形象。在此期间，需要通过云计算技术来构建高效运营的技术平台，其中包括利用虚拟化技术建立公共平台服务器集群，利用 PaaS 技术构建公共服务系统等方面，进而实现公共服务平台内部可靠、稳定的运行，提高平台不间断服务的能力。

5. 教育科研领域

云计算将为高校与科研单位提供实效化的研发平台。云计算应用已经在清华大学、中科院等单位得到了初步应用，并取得了很好的应用效果。在未来，云计算将在我国高校与科研领域得到广泛的应用普及，各大高校将根据自身研究领域与技术需求建立云计算平台，并对原来各下属研究所的服务器与存储资源加以整合，提供高效可复用的云计算平台，为科研与教学工作提供强大的计算资源，进而大大提高研发工作效率。

信息化技术飞速发展的今天，越来越多的企业开始尝试应用云计算，传统数据中心管理模式带来的资源瓶颈、信息孤岛、标准不一、系统复杂、灾备昂贵、技能不足、服务水平低下等诸多矛盾愈发激化，IT 的价值已经开始向云模式迁移。

7.3 大数据

大数据是智能化系统突破性发展的基础。

2017 年 5 月《经济学人》发表封面文章称，数据已经取代石油成为当今世界最有价值的资源。毋庸置疑，数据是重要的基础性战略资源，大数据发展正在驱动经济社会诸多领域发生深刻变革。所谓大数据（big data）指无法在一定时间范围内用常规软件工具进行捕捉、管理和处理的数据集合，是需要新处理模式才能具有更强的决策力、洞察发现力和流程优化能力的海量、高增长率和多样化的信息资产。

大数据技术的战略意义不在于掌握庞大的数据信息，而在于对这些含有意义的数据进行专业化处理。换而言之，如果把大数据比作一种产业，那么这种产业是实现盈利的关键，在于提高对数据的“加工能力”，通过“加工”实现数据的“增值”。但由于数据量的巨大，因此对其的加工和处理需要专门的技术。所以，麦肯锡全球研究所给出的大数据的定义是：一种规模大到在获取、存储、管理、分析方面大大超出了传统数据库软件工具能力范围的数据集合，具有海量的数据规模、快速的数据流转、多样的数据类型和价值密度低四大特征。

7.3.1 数据的类型和单位

数据包括结构化、半结构化和非结构化数据。

结构化数据也称作行数据，是由二维表结构来逻辑表达和实现的数据，严格地遵循数据格式与长度规范，主要通过关系型数据库进行存储和管理。非结构化数据是数据结构不规则或不完整，没有预定义的数据模型，不方便用数据库二维逻辑表来表现的数据。包括所有格式的办公文档、文本、图片、XML、HTML、各类报表、图像和音频 / 视频信息等。

非结构化数据越来越成为数据的主要部分。据 IDC 的调查报告显示：企业中 80% 的数据都是非结构化数据，这些数据每年都按指数增长约 60%。

事实上，数据以二进制方式存储在计算机中，最小的基本单位是 bit。随着数据量的增加，也增加了不同的表示单位：Byte、KB、MB、GB、TB、PB、EB、ZB、YB、BB、NB、DB 等。

它们按照进率 1024（2 的 10 次方）来计算：

1Byte=8bit

1KB=1,024Byte=8192bit

1MB=1,024KB=1,048,576Byte

1GB=1,024MB=1,048,576KB

1TB=1,024GB=1,048,576MB

1PB=1,024TB=1,048,576GB

1EB=1,024PB=1,048,576TB

1ZB=1,024EB=1,048,576PB

1YB=1,024ZB=1,048,576EB

1BB=1,024YB=1,048,576ZB

1NB=1,024BB=1,048,576YB

1DB=1,024NB=1,048,576BB

7.3.2 大数据处理的关键技术

大数据处理的关键技术一般包括:大数据采集、大数据预处理、大数据存储及管理、大数据分析及挖掘、大数据展现与应用五个方面。

1. 大数据采集

所谓大数据采集是指通过 RFID、传感器、社交网络交互及移动互联网等多种方式来获得各种类型的结构化、半结构化（或称之为弱结构化）及非结构化的海量数据。

目前大数据采集的最主要的渠道，一是智能感知，二是数据爬取。

智能感知需要建立完整的数据传感体系、网络通信体系、传感适配体系、智能识别体系以及软硬件资源接入系统，实现对结构化、半结构化、非结构化的海量数据的智能化识别、定位、跟踪、接入、传输、信号转换、监控、初步处理和管理等。其关键是针对大数据源的智能识别、感知、适配、传输、接入等技术。

数据爬取，简单来说就是通过一种数据下载手段将网络上的数据复制到本机，以供分析和应用。这项技术重点要突破分布式高速高可靠数据爬取或采集、高速数据全映像等大数据收集技术，以及高速数据解析、转换与装载等大数据整合技术，并设计质量评估模型，开发数据质量技术。

2. 大数据预处理

大数据预处理主要完成对已接收数据的抽取、清洗等操作。

（1）抽取。因获取的数据可能具有多种结构和类型，数据抽取过程可以帮助我们将这些复杂的数据转化为单一的或者便于处理的结构和类型，以达到快速分析处理的目的。

（2）清洗。对于大数据，并不是采集的所有数据都是有价值的，有些数据并不是我们所关心的内容，而另一些数据则是完全错误的干扰项，因此要对数据通过过滤“去噪”，从中提取出有效数据。

3. 大数据存储及管理

显然，需要用存储设备把采集到的数据存储起来，并进行管理，以便于以后的使用。

常见的结构化数据已经有成熟的存储和处理技术，但对于大数据来说，需要重点解决的是复杂的结构化、半结构化和非结构化大数据的存储与管理。

要解决大数据的可存储、可表示、可处理、可靠性及有效传输等几个关键问题，需要在三个方面进行技术突破。

一是开发可靠的分布式文件系统，解决能效优化的存储、计算融入存储、大数据的去冗余及高效低成本的大数据存储技术。重点攻克分布式虚拟存储技术，大数据获取、存储、组织、分析和决策操作的可视化接口技术，大数据的网络传输与压缩技术，大数据隐私保护技术等。

二是开发新型数据库技术。数据库分为关系型数据库、非关系型数据库以及数据库缓存系统。其中，非关系型数据库主要指的是 NoSQL 数据库，可分为键值数据库、列存数据库、图存数据库以及文档数据库等类型。关系型数据库包含了传统关系数据库系统以及 NewSQL 数据库。

需要突破的关键是分布式非关系型大数据管理与处理技术、异构数据的数据融合技术、数据组织技术、大数据建模技术、大数据索引技术、大数据可视化技术，以及大数据移动、备份、复制等技术。

三是开发大数据安全技术。改进数据销毁、透明加解密、分布式访问控制、数据审计等技术；突破隐私保护和推理控制、数据真伪识别和取证、数据持有完整性验证等技术。

4. 大数据分析及挖掘

大数据分析需要改进已有数据挖掘和机器学习技术，开发数据网络挖掘、特异群组挖掘、图挖掘等新型数据挖掘技术，突破基于对象的数据连接、相似性连接等大数据融合技术，突破用户兴趣分析、网络行为分析、情感语义分析等面向领域的大数据挖掘技术。

所谓数据挖掘，就是从大量的、不完全的、有噪声的、模糊的、随机的实际应用的数据中，提取隐含在其中的、人们事先不知道的、但又是潜在有用的信息和知识的过程。

数据挖掘涉及的技术方法很多，有多种分类法。根据挖掘任务可分为分类或预测模型发现、数据总结、聚类、关联规则发现、序列模式发现、依赖关系或依赖模型发现、异常和趋势发现等。根据挖掘对象可分为关系数据库、面向对象数据库、空间数据库、时态数据库、文本数据源、多媒体数据库、异质数据库、遗产数据库以及环球网 Web。根据挖掘方法，可分为机器学习方法、统计方法、神经网络方法和数据库方法。在机器学习中，可细分为归纳学习方法（决策树、规则归纳等）、基于范例学习、遗传算法等。在统计方法中，可细分为回归分析（多元回归、自回归等）、判别分析（贝叶斯判别、费歇尔判别、非参数判别等）、聚类分析（系统聚类、动态聚类等）、探索性分析（主元分析法、相关分析法等）等。在神经网络方法中，又可细分为前向神经网络（BP算法等）、自组织神经网络（自组织特征映射、竞争学习等）等。数据库方法主要是多维数据分析或OLAP方法，另外还有面向属性的归纳方法。

从挖掘任务和挖掘方法的角度，着重需要解决以下五个问题。

（1）可视化分析。数据可视化无论对于普通用户或是数据分析专家，都是最基本的功能。数据图像化可以让数据自己说话，让用户直观地感受到结果。

（2）数据挖掘算法。图像化是将机器语言翻译给人看，而数据挖掘就是机器的母语。分割、集群、孤立点分析还有各种各样的算法让我们精炼数据，挖掘价值。这些算法一定要能够应付大量的数据，同时还具有很高的处理速度。

（3）预测性分析。预测性分析可以让分析师根据图像化分析和数据挖掘的结果做出一些前瞻性判断。

（4）语义引擎。语义引擎需要有足够的人工智能，从数据中主动地提取信息。语言处理技术包括机器翻译、情感分析、舆情分析、智能输入、问答系统等。

（5）数据质量和数据管理。数据质量与管理是管理的最佳实践，透过标准化流程和机器对数据进行处理可以确保获得一个预设质量的分析结果。

5. 大数据展现与应用技术

大数据技术将隐藏于海量数据中的信息和知识挖掘出来，为人类的社会经济活动提供依据，从而提高各个领域的运行效率，大大提高了整个社会经济的集约化程度。

大数据将重点应用于以下三大领域：商业智能、政府决策、公共服务。

比如，美团外卖App可以通过收集用户点餐数据，了解客户的用餐时间、品味，以及他们是哪家餐厅的粉丝，将数据植入客户推荐系统当中，让订餐更为精准、有效、快速。

企业用十年的数据刻画出这个企业十年的经营历程，帮助企业领导决策企业未来的发展方向。

超市用几个月的交易数据，帮助备货部门分析出客户近期的喜好，从而储备畅销产品。

以赛马博彩为生的人们将每一场赛马的过程360度录下来从而分析出骑师、马匹都有哪些失误，分析出这些动作会带来怎样的后果，赛马中有很多意外，他们可以利用数据来还原并进行分析，从而更精准地判断出马匹的实力和获胜的机会。

如果百货市场了解到客户的兴趣爱好、逛街时间、消费水平，以及了解客户的路线，比如从哪里来到哪里去，就可以从中挖掘出更大的商机。

7.3.3 大数据在我国的发展

2015年9月，国务院印发《促进大数据发展行动纲要》（以下简称《纲要》），系统部署大数据发展工作。

《纲要》明确指出，推动大数据发展和应用，在未来5至10年内打造精准治理、多方协作的社会治理新模式，建立运行平稳、安全高效的经济运行新机制，构建以人为本、惠及全民的民生服务新体系，开启大众创业、万众创新的创新驱动新格局，培育高端智能、新兴繁荣的产业发展新生态。

《纲要》部署了三个方面的主要任务。一要加快政府数据开放共享，推动资源整合，提升治理能力。大力推动政府部门数据共享，稳步推动公共数据资源开放，统筹规划大数据基础设施建设，支持宏观调控科学化，推动政府治理精准化，推进商业服务便捷化，促进安全保障高效化，加快民生服务普惠化。二要推动产业创新发展，培育新兴业态，助力经济转型。发展大数据在工业、新兴产业、农业农村等行业领域应用，推动大数据发展与科研创新有机结合，推进基础研究和核心技术攻关，形成大数据产品体系，完善大数据产业链。三要强化安全保障，提高管理水平，促进健康发展。健全大数据安全保障体系，强化安全支撑。

工信部规划，到2020年，我国大数据相关产品和服务业务收入将突破1万亿元，培育10家国际领先的大数据核心龙头企业和500家大数据应用及服务企业。

近三年，中国地方政府对大数据产业都很重视。目前大数据产业主要形成了北京、长三角、广东三个重点聚集区。一般来说，互联网科技产业发展较好的地区，大数据产业发展就较好，另外贵州也正在形成气候。2017年，贵州省公布的2016年大数据产业数据显示现有核心业态企业39家，关联业态企业383家，衍生业态企业409家。2016年贵州大数据三类业态业务收入高达1264亿元，较2015年增长46%。

《京津冀大数据产业地图》显示，2016年京津冀三地大数据企业数量已达875家，与2009年的350家相比翻番有余。

浙江地区密布337家大数据企业，其中涌现出阿里、网易、海康威视、大华等一批知名大数据企业。

广东省提出要到2018年培育出5家左右大数据核心龙头企业，100家左右大数据应用、服务和产品制造领域的骨干企业。

7.4 人工智能

人工智能（Artificial Intelligence，AI）是智能化系统的关键内在，也是智能化系统的发展目标。

2017年5月27日，谷歌的围棋程序AlphaGo以3:0的比分战胜了当时世界围棋等级分排名第一的年轻棋手柯洁，使人工智能再次被热议。

所谓人工智能，是指以与人类智能相似的方式做出反应。这有两个关键因素，一是人工，二是智能。人工很好理解，但智能并不容易准确地定义。一般认为，人工智能是对人的意识、思维的信息过程的模拟，并将其归为计算机科学的一个分支，其研究对象包括机器人、语言识别、图像识别、自然语言处理和专家系统等。

人工智能不是人的智能，但机器最大程度地像人那样思考，也可能超过人的智能。

7.4.1 人工智能发展历程

1941 年，世界上第一台电子计算机诞生，使信息存储和处理的各个方面都发生了巨大的变化，为人工智能奠定了技术基础。

1948 年，诺伯特·维纳（Norbert Wiener）发表《控制论》，揭示了机器中的通信和控制机能与人的神经、感觉机能的共同规律。以自动调温器为例，它将收集到的房间温度与希望的温度比较，并做出反应将加热器开大或关小，从而控制环境温度，形成一个反馈回路。维纳从理论上指出，所有的智能活动都是反馈机制的结果，而反馈机制是有可能用机器模拟的。这对早期 AI 的发展影响很大。

1956 年，约翰•麦卡锡（John McCarthy）作为东道主，与哈佛大学的明斯基（1969 年图灵奖获得者）、IBM 公司的罗杰斯特（N. Rochster）和信息论的创始人香农共同发起了达特茅斯会议。这个会议时的目标非常宏伟，是想通过 10 来个人 2 个月的共同努力设计出一台具有真正智能的机器。会议的经费由洛克菲勒基金会资助。会议的原始目标虽然由于不切实际而不可能实现，但由于麦卡锡在下棋程序尤其是 α-β 搜索法上所取得的成功，以及卡内基·梅隆大学的西蒙和纽厄尔（这两人是 1975 年图灵奖获得者）带来了已能证明数学名著《数学原理》一书第二章 52 个定理中的 38 个定理的启发式程序“逻辑专家”(Logic Theorist)，明斯基带来的名为 Snarc 的学习机的雏形（主要学习如何通过迷宫），使得会议仍能充满信心地宣布“人工智能”这一崭新学科的诞生。达特茅斯会议虽不是非常成功，但它确实集中了 AI 的创立者们，并为以后的 AI 研究奠定了基础。

1959 年，麦卡锡基于阿隆佐·邱奇（Alonzo Church）的 λ 演算和西蒙、纽厄尔首创的“表结构”，开发了著名的 LISP 语言（List Processing Language），成为人工智能界第一个最广泛流行的语言。

LISP 自发明以来，被广泛用于数学中的微积分计算、定理证明、谓词演算、博奕论等领域。它和后来由英国伦敦大学的青年学生柯瓦连斯基（R. Kowaliski）提出、由法国马赛大学的考尔麦劳厄（A. Colmerauer）所领导的研究小组于 1973 年首先实现的逻辑式语言 PROLOG（Programming in Logic）并称为人工智能的两大语言，对人工智能的发展起了十分深远的影响。

麦卡锡被称为“人工智能之父”。

达特茅斯会议后，AI 研究开始快速发展。事实上，AI 的主流技术的发展大致经历了三个重要的历程。

1950 － 1970 年，是人工智能的“推理时代”。这一时期，一般认为只要机器被赋予逻辑推理能力就可以实现人工智能。不过此后人们发现，只是具备了逻辑推理能力，机器还远远达不到智能化的水平。

1970 － 1990 年，是人工智能的“知识工程时代”。这一时期，人们认为要让机器变得有智能，就应该设法让机器学习知识，于是专家系统得到了大量的开发。后来人们发现，把知识总结出来再灌输给计算机相当困难。举个例子来说，想要开发一个疾病诊断的人工智能系统，首先要找好多有经验的医生总结出疾病的规律和知识，随后让机器进行学习，但是在知识总结的阶段已经花费了大量的人工成本，机器只不过是一台执行知识库的自动化工具而已，无法达到真正意义上的智能水平进而取代人力工作。

2000 年至今，是人工智能的“数据挖掘时代”。随着各种机器学习算法的提出和应用，特别是深度学习技术的发展，人们希望机器能够通过大量数据分析，从而自动学习出知识并实现智能化水平。这一时期，随着计算机硬件水平的提升，大数据分析技术的发展，机器采集、存储、处理数据的水平有了大幅提高。特别是深度学习技术对知识的理解比之前浅层学习有了很大的进步，AlphaGo 和中韩围棋高手过招并大幅领先就是目前人工智能的高水平代表之一。

人工智能的突破，主要来自大数据、统计（概率统计）、云计算和智能学习的发展。尤其是英国DeepMind公司开创的深度学习算法，为人工智能的发展做出了巨大的贡献。

随着柯洁被 AlphaGo 击败，围棋界对于人类棋手和计算机 AI 之间的 PK，已经没有了争议，又一个代表人类智力巅峰的游戏彻底被计算机颠覆。现在，棋手们只能聊以自慰，“至少我们的棋手，输了棋会哭，而阿尔法狗，赢再多棋，也不会笑”。目前的计算机 AI，还无法表达情感这一类复杂而不确定的东西。

7.4.2　人工智能发展面临的难题

人工智能的发展面临三大难题。

一是数据流通和协同化感知有待提升。

基础设施层的仿人体五感的各类传感器缺乏高集成度、统一感知协调的中控系统，对于各个传感器获得的多源数据无法进行一体化的采集、加工和分析。要想解决这个问题，就需要在两个方面有所突破：一是在软件集成，软件集成作为人工智能的核心，算法的发展将决定着计算性能的提升；二是类脑芯片，针对人工智能算法设计类脑化的芯片将成为重要突破点。

二是强人工智能尚未实现关键技术突破。

强人工智能观点认为有可能制造出真正能推理和解决问题的智能机器，并且，这样的机器被认为是有知觉的，有自我意识的。

强人工智能可以有两类：类人的人工智能，即机器的思考和推理就像人的思维一样；

非类人的人工智能，即机器产生了和人完全不一样的知觉和意识，使用和人完全不一样的推理方式。

弱人工智能观点认为不可能制造出能真正地推理和解决问题的智能机器，这些机器只不过看起来像是智能的，但是并不会真正拥有智能，也不会有自主意识。

目前主流科研集中在弱人工智能上，并且一般认为这一研究领域已经取得可观的成就。强人工智能的研究则处于停滞不前的状态。

强人工智能在技术研发层目前取得的进度依然属于初级阶段，对于更高层次的人工意识、情绪感知环节还没有明显的突破，未来突破点将发生在脑科学研究领域。要对真正的分析理解能力进一步地研发，从大脑的进化演进、全身协调控制等领域实现。

三是智能硬件平台易用性和自主化存在差距。

应用层的智能硬件平台，服务机器人的智能水平、感知系统和对不同环境的适应能力受制于人工智能初级发展水平，短期内难以有接近人的推理学习和分析能力，难以具备接近人的判断力。其未来突破点将出现在智能无人设备领域。一方面，智能无人汽车处于全球各大车企巨头争相布局阶段；另一方面，目前无人机市场已经快速启动，而具备自动跟踪、智能避障的智能化无人机使得性能上得到了跨越式提升。

7.4.3 人工智能的产业趋势

人工智能产业模型包含了基础设施层、技术研发层和应用层。

基础设施层包括数据支撑、感知和运算，技术研发层包括机器学习、自然语言处理、图像识别三个方向，应用层分为智能硬件平台和软件集成平台。从基础设施层来看，随着以声学、触觉、味觉、嗅觉和视觉等仿生人体五种感知能力的智能传感设备的成熟化，为人工智能实现多元化发展提供了保障。

从技术研发层来看，技术研发层是人工智能核心和高价值环节，包含了机器学习、自然语言处理、图像识别三个环节。把机器学习与人类对历史经验归纳做比对，机器的“训练”与“预测”过程可以对应人类的“归纳”和“推测”过程，越大的训练数据量等价于经验更丰富的人类专家。从技术引领程度来看，机器学习是引领自然语音处理和图像识别快速发展的核心基础。利用基于知识图谱的大数据分析，通过机器学习的加工处理将使得语音的识别准确度得到大幅提升。

从应用层来看，应用层分布根据技术研发的成熟度不同存在行业领域也有变化。自然语言处理的成熟度最高，其次是图像识别，而机器学习领域技术成熟度最低，还未形成大规模行业应用。

从产业未来发展趋势来看，有几个重要的趋势值得关注。

（1）新一轮的开源化将成为人才争夺主战场。近两年来，以谷歌为代表的巨头公司纷纷开始开源化自身核心产品。不仅有机器学习软件平台，还有相关硬件平台和完整软件源代码。开放源代码可以吸引外部人才参与项目协作，并改进相关技术。

（2）语音识别领域将快速实现商业化部署。利用机器学习技术进行自然语言的深度理解，一直是工业和学术界关注的焦点。在人工智能的各项领域中，自然语言处理是最为成熟的技术，由此引来各大企业纷纷布局。在未来几年内，成熟化的语音产品将通过云平台和智能硬件平台快速实现商业化部署。

（3）人工智能产业将与智慧城市建设协同发展。智慧城市的发展将在安防、交通监控、医疗、智能社区等多个领域全面刺激人工智能产业发展。未来，各行业的应用需求以及消费者升级发展的需要将有效地激活人工智能产品的活跃度，促进人工智能技术和产业发展。

（4）中国人工智能应用将在服务机器人领域迎来突破。2015 年已经有大量企业在服务机器人领域展开相关布局。从中国人工智能市场结构上来看，服务机器人市场规模达到 60 亿元，占比 29.4%，服务机器人基于日常生活中的广泛需求，有着广阔的市场空间。

7.5 思考题

1. 试结合自己的生活体会，谈谈对智能化技术发展趋势的看法。
2. 请通过互联网调研几个物联网典型企业，列出他们的招聘需求。
3. 请通过互联网调研几个云计算典型企业，列出他们的招聘需求。
4. 请通过互联网调研几个大数据典型企业，列出他们的招聘需求。
5. 你知道哪些人工智能相关领域的企业？试了解他们对专业知识的需求。

参考文献

[1] 杨功元．Packet Tracer 使用指南及实验实训教程 [M]．北京：电子工业出版社，2017．

[2] Andrew K. Dennis．Raspberry Pi + Arduino 智能家居入门 [M]．北京：科学出版社，2015．

[3] 虎小丁，等．JavaScript 基础教程 [M]．大连：东软电子出版社，2015．

[4] 张荣超，等．Android 项目实战——智能农业移动管理系统开发 [M]．大连：东软电子出版社，2015．